다이어트
절대로 하지 마라

다이어트
절대로 하지 마라

에드가 라쉔베르거 지음 | 김철환 감수 | 장혜경 옮김

참솔

이 책에서 *는 감수자주입니다.

머리글

몇 해 전 나는 동료 의사를 통해 BCM(Body Cell Mass) 식사 프로그램이라는 것을 알게 되었다. 한때 스키와 윈드서핑의 프로 선수이기도 했던 나는 처음부터 그 프로그램에 열광했다. 우리가 알고 있는 기존의 다이어트 프로그램보다 훨씬 유용하고 논리적이었기 때문이다.

외과 의사로 환자들을 치료하면서 나는 비만 문제의 심각성을 누구보다 가까이에서 느낄 수 있었다. 비만 환자들이 겪을 수 있는 다양한 문제점들을 현장에서 목격했기 때문이다. 물론 대부분은 사소한 문제들이었지만 비만이 생명을 위협한 사례도 적지 않았다. 하지만 학교에서 배운 나의 의학 지식으로는 환자들에게 살을 뺄 수 있는 구체적인 방법을 제시할 수 없었다. 내가 할 수 있는 말이라곤 기껏해야 "30kg

은 빼셔야 합니다"라는 것뿐이었다.

　의사의 말 한마디로 30kg이 순식간에 빠진다면 무엇 때문에 비만 환자들이 생사의 갈림길을 넘나들겠으며, 서구 사회의 평균 체지방 비율이 가파른 상승 곡선을 그리고 있단 말인가. 정통 의학은 지금까지 이 문제에 대해 아무런 실질적인 대응책을 내놓지 못한 것이다.

　제약 업체들도 각종 신약을 개발하여 인류의 다이어트 전쟁에 참여하고 있지만 아직 성과는 미미하다. 또 인체는 과잉 에너지를 적극 방출하여, 지방 축적이 발생한 그곳에서 다시 지방이 사라지게 할 수 있는 능력을 지녔다는 연구 발표도 있다. 그렇다면 비만 문제의 올바른 해답은 어디서 찾을 수 있을까?

　문제를 해결하는 열쇠는 종합적인 시각에 있다. 인간에게는 신체뿐 아니라 정신과 영혼도 중요한 역할을 한다는 말을 자주 들어봤을 것이다. 또한 동양 의학이나 원시 민족의 지혜는 인간을 종합적인 시각에서 바라본다는 사실도 알고 있을 것이다. 문제의 해결 방법은 바로 여기에 있다.

> 66
> *정신-신체의 문제는*
> *정신-신체적 방법으로만 해결될 수 있다.* 99

　그러므로 약이나 수술만으로는 절대로 확실한 성공을 거둘 수가 없는 것이다.

　몇 년 동안 의사 노릇을 하면서 나는 아주 서서히 이런 진리를 깨닫

6

기 시작했다. 그 결과 비만 환자들에게 살을 빼는 몇 가지 방법 이상의 것을 베풀어 줄 수 있었다. 종합적인 시각에서 보면 왜 기존의 수많은 다이어트법이 좌절과 요요 현상을 낳을 수밖에 없는지 저절로 설명된다. 적게 먹겠다는 의지 하나만으로는 충분하지 않기 때문이다.

의학적인 기본 지식과 그에 맞는 정신과 영혼의 힘이 조화롭게 화음을 맞추어 나갈 때 비로소 퍼즐의 조각을 하나 하나 끼워 작품을 완성하듯 인체의 조화도 완성될 것이다.

우리의 프로그램에 참가하여 멋진 몸매와 건강한 사고를 얻었고, 그를 통해 건강한 몸이라는 이상에 한 발자국 다가선 모든 사람들에게 나는 이 자리를 빌어 축하의 메시지를 보낸다. 이는 국민 건강뿐 아니라 국민 경제가 미래를 향해 한 걸음 나아갔다는 의미이기 때문이다.

또한 이 책이 나오기까지 협력을 아끼지 않았던 모든 분들께도 감사드린다. 그들의 도움은 수많은 사람들에게 건강하고 행복한 삶을 살아갈 수 있는 길을 열어줄 것이다.

" 일년 내내 먹으면서 일년 내내 멋진 몸매를!

행복한 미래는 건강의 유지에 있다! "

CONTENTS

다이어트
절대로 하지 마라

잘못된 상식과 학문의 허점

• 감수의 글

하지만, 이런 다이어트는 하라

김철환

인제의대 서울백병원 가정의학과 교수, 의학박사
경실련 보건의료위원회 위원장
fmmother@peacenet.or.kr

"감기가 떨어지지를 않네요. 단번에 낫는 주사 한 대 놔주세요."

"저는 오랫동안 두통 때문에 고생하고 있어요. 양약도 먹어보고, 한약도 먹어보고, 침도 맞아보고…… 이런 저런 치료를 다해보았지만, 낫지를 않네요. 수술이든 뭐든 다 좋으니 단번에 낫는 방법이 없을런지요?"

나는 하루에도 몇 번씩 이런 주문을 받는다. 이들은 내가 의사가 아니라 마술사이기를 바란다. 이런 환자들은 나에게 전문가적인 처방을 기대하기보다는 마술과 같은 획기적인 치료를 기대한다. 이런 분들은 남들이 좋다는 치료방법을 찾아 돌아다니는데, 이를 두고 '의사쇼핑

(doctor shopping)' 또는 '치료자 장보기 (healer shopping)'라고 부른다.

자의식이 약하고 자신감이 결여되어 있거나 현실 직시 능력이 부족하여 자신의 문제를 직접 대면하기 주저하기 때문에, 문제의 본질에 접근하지 못하고 합리적인 방법을 외면하는 것이다. 이들은 마술과 같은 방법을 찾아 헤매다 결국엔 문제만 더 키우는 경험을 반복하기 십상이다.

물론 나도 때때로 마술사가 되고 싶을 때가 있다. 어떤 의술로도 치료하기 힘든 난치성 환자를 만날 때, 치료비가 없는 환자를 만날 때, 남편의 폭력에 시달리는 주부를 만날 때, 비만으로 생긴 고혈압, 당뇨병, 심장병, 퇴행성관절염을 5년간 앓고 있지만 80kg의 몸무게와 100cm의 허리둘레는 전혀 변하지 않는 환자를 만날 때……. 이럴 때면, 나도 데이비드 커퍼필드처럼 마술을 부려서라도 이들을 고통에서 해방시키고 싶다.

그러나, 세상의 일 중에서 마술로 해결될 수 있는 문제가 하나라도 있던가.

지금 우리에게 필요한 것은 마술이 아니라 천리 길도 한 걸음부터 걷는 상식이요, 가야 할 길을 올바르게 지도해 주는 믿음직한 전문가이다. 이 책의 지은이인 에드가 라쉔베르거는 바로 이런 전문가이다. 그는 외과의사이면서 정맥류 치료 전문의이고, 금연·다이어트 프로그램도 운영하고 있다. 그는 풍부한 의학 지식과 경험을 바탕으로 우리 시대에 가장 현실적이면서도 효과적인 다이어트 프로그램을 제시한다. 의학과 영양에 대한 상식이 조금만이라도 있는 사람이라면 누구나 그의 진가를 금세 느낄 수 있을 것이다.

그는 "성공을 원한다면 성공한 사람에게 물어보라. 아무것도 모르는 사람들에게 물어봤자 방해만 될 뿐이다"라고 설파하며 자신의 프로그램을 소개한다.

이 프로그램은 아주 간단하다. 하루 한 끼의 제대로 된 식사와 나머지 두 끼의 보충식으로 시작해서 점차 식사량을 늘려나가는 방법이다. 하지만 이 다이어트의 원리를 이해하고 실천해서 성공에 이르려면, 그에 필요한 기초 지식과 마음의 자세를 갖추어야 한다. 이 책은 바로 이 점에 집중하고 있다.

> 66 *한 번도 가져보지 못한 것을 가지려면,*
> *한 번도 해보지 않은 일을 해야만 한다.* 99

지은이는 이 서양 속담을 세 번이나 인용하고 있다.

나는 독자들에게 비만을 치료하고, 아름다운 몸매를 만들고싶다면, 이제까지 실패해 왔던 '획기적' 이라는 마술 같은 다이어트법을 반복하거나 신비의 명약을 찾지 말라고 당부하고 싶다. 대신 영양과 대사와 체중 변화에 대한 지식을 얻기 위해 공부하고, 이 분야 전문가의 조언을 받으라고 권유한다. 우리나라에도 전문의가 진행하는 이 책과 비숫한 비만 또는 다이어트 클리닉이 많이 있다.

전문의와 영양사를 만나서 상담을 시도해 보자. 그러면 개인에게 맞는 진단, 적절한 실천사항과 정기적인 체크 프로그램을 받을 것이다. 이들 전문가 집단이 부적절한 다이어트에서 오는 무리나 부작용, 또는 요요 현상 없이 여러분의 건강한 다이어트를 도와줄 것이다.

이렇게 했을 때 드는 비용은? 걱정하지 마시라! 시중에 떠도는 다이어트법보다 훨씬 저렴하다. 이런 준비가 되어 있지 않은 상태로 섣불리 시작하는 다이어트는 실패하기 십상이어서 결국 돈과 시간의 낭비일 뿐만 아니라, 무엇보다 건강을 크게 해친다.

누구라도 꿈을 잃지 않고 올바른 방법을 만나 실천한다면 멋진 몸매와 건강을 찾을 수 있다. 이 책을 읽고 의사의 지도를 받아 체중감량 프로그램을 시작한다면, 한국의 과체중 여성(몸무게 50~70kg)은 3~6개월에 6kg(뚱뚱한 사람일수록 효과는 더 크다) 이상의 체중감량을 부작용 없이 확실히 이룰 수 있다.

모쪼록 이 책이 멋진 몸매와 행복한 삶에 대한 꿈을 갈망하며 살아가는 모든 분들에게 큰 도움이 되길 바란다.

2001년 9월
저동 연구실에서

들어가기 전에

의심 많은 독자와 모르는 게 없다고 자부하는 독자에게

무슨 이야기를 들어도 시큰둥한 표정으로 이미 다 알고 있는 소리라고 손사래를 치는 사람. 혹시라도 여러분이 그런 사람은 아닐런지? 정말로 여러분은 세상 만사를 훤히 꿰고 있다고 생각하는가? 세상은 여러분이 생각하는 것과 전혀 다른 모습일 수도 있다는 사실을 절대 용납하지 못하겠는가?

만일 그렇다면 다른 사람들의 눈에 당신이 어떻게 비칠지 한 번 상상해 보았는가? 남의 말이라면 콧방귀를 뀌면서 세상 만사를 전부 알고 있다는 굳건한 믿음으로 살아가는 사람들, 그런 이들이라면 이 책을 아무리 읽어도 한 발자국도 앞으로 나가지 못할 것이다.

영양 문제에 관해서도 이런 반응을 보이는 사람들이 있다. 이미 몇 년 전부터 건강한 식생활에 관한 정보라면 하나도 빼놓지 않고 수집하여 달달 외우면서 영양학 박사라고 자부하는 사람들이다. TV에 그런 프로가 나오면 반드시 시청을 해야 하고, 영양에 관한 책이란 책은 모두 섭렵하고, 요즘엔 인터넷을 통해 소위 유명한 의사들한테 질문 세례를 퍼부으며 한 치의 칼로리 오차도 용납하지 않는다.

그런가 하면 무조건 적게 먹는 것이 상책이라고 믿는 사람들도 있다. 워낙 먹는 양이 적기 때문에 식사 습관이 몸매에 전혀 영향을 미칠 수가 없다. 대부분 이런 유형들은 물만 먹어도 살이 찌는 가혹한 운명을 타고났다고 믿고 있기에 살과의 전쟁에서 참패를 당한, 희망이라고는 없는 가엾은 사람들이다. 기적의 묘약이 발명되지 않는 한 이런 사람들에겐 성공의 기회란 없다.

지나가는 사람들이 다 넋을 잃고 쳐다보는 잘 빠진 몸매의 행운아들도 있다. 요구르트를 먹으면 건강해진다는 굳은 확신으로 규칙적으로 요구르트를 소비하면서 밀려드는 식욕을 야채와 과일로 잠재우는 사람들이다. 사이사이 밀려드는 허기를 초콜릿으로 잠재우며 그 이상은 절대 허용할 수 없다고 이를 악문다.

또 일주일에 한두 번 가혹한 운동으로 피치 못할 칼로리를 완전히 몰아내려는 사람들도 있다. 여기에는 사우나족도 빼놓을 수 없다. 저울의 바늘이 최대 수치를 달리지 않도록 사전에 자기 몸에 고열의 고문을 가하는 사람들이다(하지만 안타깝게도 저울의 낮은 수치는 지방이 아니라 수분이 빠져 나갔기 때문이다).

이 책을 꼭 읽어야 할 사람

앞에서 열거한 유형에 들어가지 않는 모든 사람들에게도 이 책은 유용한 지식을 제공할 것이다.

나아가 지금까지의 생각과 완전히 상반되는 견해도 한번쯤 믿어보겠다는 마음의 준비가 되어 있는 사람, 거듭되는 실패에 신물이 난 사람, 이제는 정말로 제대로 된 해결책을 찾고 싶다는 사람, 인생은 아직 기대할 만한 것이라고 믿는 사람, 이런 사람들이라면 이 책을 통해 많건 적건 아이디어를 얻을 수 있을 것이며, 지금껏 알지 못했던 새로운 길로 도전의 발걸음을 내디딜 수 있을 것이다.

이 책에는 여러분이 한 번도 들어보지 못했거나, 전혀 다르게 알고 있었던 내용도 들어 있을 것이다. 솔직히 말해 지금까지 효과를 거두지 못한 처방이라면 아무리 그럴싸한 것이라도 뭔가 근본적인 잘못이 있는 게 분명하다. 그러니 새로운 것을 체험해 보겠다는 용기가 필요하다. 새로운 것을 현미경으로 자세히 들여다보면서 한 번 진지하게 살펴보라. 그러면 난생 처음 성공이란 놈의 얼굴을 만날 수 있을 테니 말이다.

그렇다고 너무 걱정할 필요는 없다. 말도 안 되는 황당한 이야기를 하겠다는 게 아니니까 말이다. 내가 이 책에서 소개할 개념은 이미 전세계의 수많은 의사들에게 인정을 받은 방법이다. 그리고 확실한 효과를 보았다는 사례 보고도 상당히 많이 나와 있다.

식품 업체와 음식점, 호텔 주인들께 한말씀

이 책을 쓴 나는 식품이나 음료의 매출액 인상에 관심이 있는 사람이 아니다. 봇물처럼 쏟아지는 광고에 휩쓸려 간단하고 맛있게 끼니를 해결하려다가 건강을 해쳐, 불어나는 지방을 안고 의사에게 달려갈 수밖에 없는 사람들을 걱정하는 사람이다. 하지만 또 한편으로는 정신과 감성에 미치는 음식의 영향력을 잘 알고 있으며, 맛있는 메뉴와 좋은 와인의 가치를 인정할 줄도 아는 사람이다.

나는 전체적인 시각을 강조하는 의사이므로, 현재 우리의 식사 습관과 음식 문화의 장단점을 분석하고, 식품 업체나 음식점의 손에 맡겨져 있는 국민의 영양이, 국민의 건강을 책임지는 국가의 보건복지부 같은 관청으로 넘어가야 한다고 믿는다. 그렇게 해야만 장기적으로 국가 예산이 절감될 것이며 전 국민의 신체적, 정신적 복지가 달성될 수 있을 것이라고 확신하기 때문이다.

동료 의사들께도 한말씀

내가 이 책을 쓴, 또 한 가지 목적은 지금까지 식품 영양의 심각성을 환자에게 충분히 환기시켜 주지 못한 의사들에게 경고하기 위해서다. 아직까지 영양 관련 전문 서적을 한 번도 들추어 본 적이 없으면서도 영양에 관한 한 모르는 게 없다고 자부하고 있는 어리석은 동료들 말이다. 나도 한때 그렇게 생각했었고 그렇게 행동했었다. 하지만 영양에 관해 공부를 할수록 모르는 것이 너무 많았고, 그렇게 몇 년을 정신

없이 연구한 끝에 이제 웬만큼 영양에 관해서라면 모르는 게 없다고 자부할 정도가 되었다.

물론 대사 장애 질환, 특히 비만을 연구하고 당뇨병이나 동맥 경화 및 질병의 원인이 되는 영양 과다에 관심을 가지는 의사들은 예외가 될 것이다. 하지만 이 분야의 공부나 실습이 부족하여 환자들에게 식사의 중요성을 자세하게 설명해 주지 못하거나, 심지어 무마 내지 미화시키는 의사들은 비난 받아 마땅하다.

무지와 무관심, 더 나아가 오만불손한 태도로, 잘못된 식사 습관은 문제가 될 것이 없으며 세상에는 뚱뚱한 사람이 한둘이 아니기 때문에 —나처럼 쓸데없이 공포 분위기를 조성하는 소수의 몰지각한 인간들이 뭐라고 하건 말건— '본인의 마음가짐'이 중요하다고 생각하는 의사들도 마찬가지이다.

나는 의사들이 영양 과다로 인한 비만의 문제를 무시하거나 환자들에게 괜찮다고 설득해서는 안 된다고 생각한다. 환자들에게 보다 적극적으로 그 악영향을 설명하고, 지방을 줄일 수 있는 효과적인 방법을 모르겠거든 전문가에게 의뢰하여 의사로서의 소임을 다해야 한다고 생각한다. 사실 의과 대학에선 영양학을 가르치지 않는다. 가르친다 해도 아주 최소한의 지식에 국한된다. 그러니 환자들에게 솔직히 잘 모른다고 해도 전혀 흠이 안 된다.

그러므로 비만 문제의 심각성을 인식하고 그것을 적극 홍보할 필요가 있다고 확신하며, 학과 공부와 상관없이 이 문제를 집중 연구하는 의사들이 많아지기를 바란다. 그렇게 하여 우리가 함께 국민 건강에 기여할 수 있다면 그보다 좋은 일은 없을 것이다.

 66 *돌 하나가 바다를 움직인다.* 99

날씬하고 골골거리는 것보다는 뚱뚱하고 건강한 게 낫다?

지방 감량을 중단하라는 목소리가 이미 학계에서 적지 않게 쏟아져 나오고 있다. 평소 먹던 대로 실컷 먹어도, 없는 시간을 쪼개어 땀흘리면서 운동하지 않아도, 이것만 먹으면 6주만에 20kg이 빠진다고 선전을 해대는 온갖 다이어트법의 부작용과 피해를 생각할 때, 솔직히 이해할 수 없는 주장도 아니다.

빈의 유명한 신진 대사 전문가인 베른하르트 루드빅 교수는 이런 다이어트법들이 몸을 망가뜨리는 지름길이라고 말한다. 사실 대부분의 다이어트법은 아무리 그렇지 않다고 주장해도, 어느 정도 '건강상의 위험'을 안고 있는 게 사실이다. 하지만 그것을 빌미로 지방 감량 자체가 잘못되었다는 황당한 결론을 내릴 수는 없다.

나는 이 책에서 칼로리는 줄이지만 영양소는 풍부하며, 더 나아가 사회 생활에도 보탬이 되는 식사 습관을 설명하고 그를 통해 지방을 줄일 수 있다는 사실을 보여줄 것이다. 이런 영양 모델은 그 기본 특성이 스포츠 영양 프로그램과 크게 다를 바가 없기 때문에 능률을 높이고 건강을 증진시키는 식품을 최대한 섭취하는 것을 목적으로 한다. 동시에 이 식사법을 진행하면서, 자신의 정신적인 면과 주변의 사회적인 면들에서 일어날 수 있는 영향력에 대해 설명하고 그것을 제거할 수 있는 방법을 보여줄 것이다.

나는 개인적으로 지방 감량 자체를 비판하는 사람들의 의견에 공감하지 않는다. 보다 질 높은 건강, 즉 '신체와 정신과 영혼' 이 종합적으로 치유될 수 있는 소프트한(!) 방법을 지지하는 사람이기 때문이다.

몸매에 자신을 가질 때까지 이 책을 손에서 놓지 마라

》 여러분이 갈망하는 몸매를 선사받을 방법이 없다고 생각하는가?

》 할 수 있는 방법은 다 동원해 봤지만 전부 실패하고 말았는가?

》 이젠 정말 나도 남부럽지 않은 몸매로 살고 싶은가?

> 66 *여러분도 성공할 수 있다!* 99

이 책에 그 성공의 비결이 들어 있다. 여러분의 성공 여부는 단 한 가지에 달려 있다. 내가 추천하는 영양 개념을 완벽히 소화하여 새로운 정신 프로그램을 적극 실천에 옮기고, 새로운 영양 철학을 생활화하겠다는 굳건한 의지가 바로 그것이다. 인생을 바꿀 수 있다는 의지와 믿음이 있다면 이 책을 지침서로 삼아 늘 손에 들고 다니면서 시간 날 때마다 읽어 보고, 그를 통해 생각을 바꾸고 정신 훈련을 게을리하지 말아야 한다.

> 66 *매일 정신 훈련을 하라!* 99

이 책에서 나는 지금까지 여러분의 몸매를 엉망으로 만들었던 정신적, 심리적 원인을 설명할 것이다. 그 설명을 읽고 여러분이 깊은 무의식에 이르기까지 혼란스러워진다면, 그리하여 여러분의 의식이 무의식과 하나가 된다면 분명 여러분의 몸매도 여러분의 생각과 하나가 될 것이다!

> ❝ 모든 것은 머리에서 시작된다! ❞

아마 지금쯤이면 여러분도 왜 이제껏 그토록 많은 사람들이 다이어트에 실패할 수밖에 없었는지 그 이유를 알게 되었을 것이다. 그리고 이제부터는 어디에 초점을 맞추어야 할지도 짐작했을 것이다.

인체의 생화학적, 생리학적 과정을 설명하고 식품의 화학 구조를 분석하여 온갖 처방을 늘어놓은 책들이 매년 엄청나게 쏟아지고 있다. 세상 사람들이 전부 영양학 박사가 되는 것도 나쁘지는 않다. 하지만 우리는 그러지 말자. 전문 지식도 분석도 처방전도 우리에게 성공을 안겨다 주지는 못한다.

결국 우리의 몸매를 이상형으로 만들어줄 수 있는 것은 느낌이요, 자동적으로 튀어나오는 행동이며 직관적인 태도이다. 뚱뚱하게 만들어주는 처방이 있다던가? 만약 그런 것이 있다면 그 처방이 하지 말라는 짓만 골라 하면 날씬해질 수 있지 않겠는가?

프로그램을 그대로 따라하는 건 쉬운 일이다. 사실 지금껏 살아오면서 우리는 그보다 훨씬 더 어려운 일도 척척 해내었다. 지금부터는 여

27

러분의 정신을, 생각을, 감정을 조절해 보자. 여러분은 잘 할 수 있을 것이다. 즐겁게 우리의 프로그램을 따라하면서 완벽한 성공을 거둘 수 있기를!

" 꼭 성공할 수 있다고 믿어라. 그러면 성공한다! "

잘못된 상식과 학문의 허점

'이상적인 몸매' 냐 '이상적인 몸무게' 냐

뭔가가 불만스럽다. 내 몸이 너무 뚱뚱한 것 같기도 하고, 몸무게가 너무 많이 나가는 것 같기도 하고, 내 몸매가 너무 두리뭉실하게 생긴 것 같기도 하다. 어느 쪽이거나 분명한 건 저울의 바늘이 가리키는 숫자가 너무 크다. 안 그런가?

만일 그렇다고 생각한다면 그것이 바로 제일 잘못된 생각이다. 내 몸무게가 몇 kg인지 사람들이 관심 있게 지켜본다고 생각되는가? 여러분은 권투 선수도 아니고 보디빌더도 아니다.

아니면 내 몸매가 두리뭉실하다는 생각을 하고 있는가? 나의 형편없는 몸매를 누군가 쳐다보고 있을 것만 같은가? 만일 그렇다면 형편없는 몸매에만 신경을 쓰고 몸무게에 대한 관심은 꺼버리자!

여러분은 아래의 두 남자에 대해 어떻게 생각하는가? 두 사람은 키와 몸무게가 같다.

» 지금까지 우리가 잘못 생각했던 걸까? 아니면 함정일까?

그렇다. 우리가 잘못 생각했던 것이다. 두 사람의 차이는 근육과 지방에 있다. 여러분에게는 무엇이 문제인가? 너무나 우람한 근육이 문제였던가? 아니다. 역시 지방이 문제다. 그렇지 않다면 여러분은 이 책을 사서 읽지 않았을 것이다.

사실을 파악해 보자. 자기 몸무게가 너무 많이 나간다고 느낄 때, 너무 뚱뚱하다고 느낄 때, 그리고 몸매가 안 좋다고 생각될 때, 여러분은 지방을 두고 따져야 한다. 그러므로 내가 하고 싶은 첫번째 충고는 지금 당장 저울을 쓰레기통에 던져 버리거나 창고에 처박아 버리라는 것이다.

BMI는 믿을 만한 척도인가

BMI는 Body Mass Index의 약자이다. 다시 말해 몸무게를 키의 제곱으로 나눈 수치이다.

$$BMI=kg/m^2$$

앞의 두 남자의 경우, 몸무게와 키가 같기 때문에 BMI도 동일하다.

$$BMI=90/1.7^2=31.14$$

》 뭔가 잘못된 것 같은데?

그렇다. 자세히 들여다보면 두 사람을 절대 같은 유형으로 분류할 수 없는 사람들이다. 그럼에도 전 세계가 BMI의 신빙성을 확신하고 있다. 그래서 나는 BMI의 수치를 이 책에서 삭제해 버리기로 한다. 아무 도움이 안 되는 측정 공식이기 때문이다.

절반만 먹어라?

'절반만 먹어라(Fr-Iss die Halfte)' 라니! 도대체 무엇의 절반인가? 우리가 평소 먹는 것의 절반? 그렇다면 칼로리도 절반, 비타민도 절반, 무기질도 절반, 미량 요소도 절반, 섬유질도 절반만 먹어야 한다. 그러나 과연 그럴까?

건강을 위해서는 비타민과 미량 요소, 섬유질, 식물성 물질 등을 충분히 섭취해야 한다는 사실은 이제 일반 상식이 되었다. 신문을 한번 구독해 보라. 정기적으로 이런 주제를 다루고 있다. 그러면서도 절반만 먹으라고 광고를 하다니, 이게 맞는 말인가?

》 그렇다면 뭐가 잘못된 걸까?

사실이 그렇다면 칼로리는 절반만 섭취하되 영양소는 동일하게, 아니 평소보다 더 많이 섭취해야 한다는 말이다.

》 어떻게 그게 가능한가?

이 책을 읽다보면 저절로 알게 될 것이다.

에너지 절약 호르몬 - 인슐린

여러분은 '조금씩 자주' 먹는 것이 건강에 좋다는 주장을 믿는가?

의학계에서는 이미 몇 십 년 전부터 인슐린이 혈당을 저하시킨다고 주장해 왔다. 그리고 일반인들도 그렇게 알고 있다.

하지만 인슐린은 혈당 저하 작용 이외에도 지방 분해를 막는 작용을 한다. 그러므로 식사의 횟수가 많아질수록 이 호르몬이 휴식을 취할 수가 없게 되고, 그 결과 우리 신체가 지방 소비 단계로 넘어가는 횟수가 줄어들게 된다.

따라서 식사의 횟수를 줄이는 것이 건강에 더 유익하다는 결론이 나온다. 지금까지 정반대의 주장을 듣고 믿어왔기에 지금 여러분은 당혹스러울 것이다. 하지만 나는 바로 이 점이 영양 과잉 인구가 늘어나고 여러분 또한 날씬한 몸매를 유지하지 못하는 이유라고 본다.

스포츠와 사우나에 관한 잘못된 생각

아마도 여러분은 '지방을 연소시키는 운동(유산소 운동)'에 대해 들어보았을 것이다. 여러분 주위에도 저녁마다 자전거를 끌고 산을 오르내리며 두 시간 동안 2 *l* 의 땀을 신체에서 짜내는 산악 사이클 동호회 회원이 있을 것이다. 또 이러한 불필요한 긴장감 대신 편안한 자세로 같은 양의 물을 뽑아내기 위해 90° 의 사우나 안에 들어가 훈증을 하는 사람들도 있을 것이다.

어떤 방법을 선택하건 신체 내의 지방은 땀에 용해되지 않는다. 1kg의 지방은 1kg이고 1kg의 물도 1kg이다. 맥주잔을 세 번째로 비우고 곁들여 푸짐한 저녁 식사를 하고 나면 저울은 인정 사정 보지 않고 내 말이 사실이란 걸 증명해 보일 것이다. 저울도 땀도 아름다운 몸매를 측정하는 척도가 될 수 없다.

식사 습관

슈퍼마켓에서

대형 주차장, 쇼핑카, 눈이 가는 곳마다 빼곡히 들어찬 물건, 현란한 광고, 아름다운 색깔, 맛있는 음식 냄새, 쇼핑 사이사이 차가운 음료나 맛있는 소시지를 한 입 먹어볼 수 있는 시식 코너, 그리고 현금이 필요 없는 카드 결제. 편리하고 간편하며 즐거운 쇼핑 시간. 그러니 이런 종류의 대형 할인 매장들이 성업을 이루고 있는 것도 놀랄 일은 아닐 것이다.

하지만 장점 뒤에는 단점이 숨겨져 있지 않을 수 없는 법. 서부 유럽 인들은 평균 에너지 섭취량의 50%를 지방으로 채운다고 한다! 권장 비율 25~35%를 생각한다면 충격적인 사실이 아닐 수 없다.

아마도 이 책을 읽고 있는 독자들은 대부분 이렇게 생각할 것이다. "나는 안 그래!" 과연 그럴까?

》그 많은 지방은 어디서 와서 어디로 가는가?

앞에서 말했듯이 서부 유럽인들은 에너지 섭취량의 50%가 지방이라고 한다. 다시 말해 슈퍼마켓의 쇼핑카에 놓인 식품의 50%가 지방으로 구성되어 있다는 말이다. 의식적으로 저지방 식품을 구입하는 사람들도 있을 테니, 그렇지 않은 사람들은 더 많은 지방을 돈을 주고 사먹는다는 말이 된다. 그래야 평균 50%가 달성될 테니 말이다.

그렇다면 저지방 식품에 관심이 많은 사람들이 나머지 국민의 비만에 책임을 져야 하는 걸까?

사실은 그렇지가 않다. 아무리 저지방 식품을 구입한다 해도 우리 모두는 너무 많은 지방을 섭취하고 있다. 그리고 우리 모두는 쉽게 믿어버리지 말아야 할 사실을 너무나 쉽게 믿고 있다. 바로 '맛있으면 그만'이라는 사실이다. 오래 전부터 식품 업체들은 그 만고의 진리를 깨닫고 있었다. 지방이 적게 들어갈수록 고객의 사랑도 멀어진다는 것을.

또 하나, 봇물처럼 터져나오는 광고의 홍수는 아름다운 색깔과 디자인, 향기와 음악을 통해 여러분의 무의식 속에 '맛있는 것'을 향한 욕구를 일깨운다. 그 누구도 저항하지 못할 환상을 심어 여러분의 손이 그쪽으로 뻗어나가도록 유혹하고 있다.

》 여러분은 한번이라도 이런 생각을 해본 적이 있는가?

》 여러분의 쇼핑카에는 무엇이 들어 있는가?

식당에서

많이 주는 식당이 최고다. 연한 갈비살에 푸짐한 반찬, 양념이 잘 밴 돼지 고기에 곁들여진 맛있는 안주. 채식주의자라면 구운 버섯에 타르타르 소스를 뿌리고 큰 샐러드 접시에 담긴 야채 곁에다 버터로 적셔 구운 마늘빵을 듬뿍 가져다 얹는다. 물론 한 접시로는 간에 기별도 안 간다.

하지만 진짜 미식가라면 양보다 질을 따져야 한다. 저지방으로 요리를 하여 보기 좋게 담아 내놓은 양질의 소량 음식. 하지만 그런 분위기 좋은 식사는 누구나 누릴 수 있는 특권이 아니다. 미식가도 아무나 될

수 있는 게 아니니까 말이다. 보통 사람들보다 지갑이 두툼해야 입맛
도 고급이 되는 법.

물론 요즘엔 보통 식당들도 건강식의 추세에 신경을 많이 쓰기 때문
에 지방이 적으면서도 맛있는 음식을 제공하기 위해 노력하고 있다.
지글거리는 삼겹살은 육체적으로 중노동을 하는 건장한 남성들에게
일임해야 하지 않을런지!

》여러분은 어떤 식당을 선호하는가?

카페와 술집에서

66 *물을 제외한 모든 음료는 식사다!* 99

미네랄 워터나 우유와 설탕을 곁들이지 않은 차 정도는 물로 봐줄
수 있다. 하지만 그밖에는 절대 용서가 안 된다. 그러니 카페를 일단
한 번 들어가면 칼로리를 섭취하지 않고서는 나올 수가 없다고 보는
것이 옳을 것이다.

알코올이 지방 분해를 막는다는 사실도 일러두어야겠다. 거기에 케
이크나 안주 한 접시를 곁들이면 슬프게도 기대 이상의 칼로리가 몸
속으로 들어갈 수밖에 없다.

우유와 설탕을 곁들이지 않은 커피 정도야 눈 딱 감고 봐줄 수 있겠
지만……

》여러분은 어떻게 생각하는가?

》여러분이 가장 즐겨 마시는 음료는?

패스트 푸드점에서

요즘 아이들이 빅맥이나 치킨 버거에 감자 튀김, 케첩, 콜라가 없는 세상을 꿈꿀 수 있을까? 패스트 푸드는 그 자체가 원래 의미의 영양과는 거리가 멀다. 그런데 1일 권장 영양의 절반을 그런 음식으로 채우고 있으니, 현대인들이 비타민과 미량 요소 결핍으로 인한 심각한 질병에 신음하고 있는 것도 놀랄 일은 아니다. 끝없는 가능성의 나라, 패스트

푸드 철학이 탄생된 나라의 거리 곳곳에 널려 있는 슈퍼마켓마다 영양 보조 식품이 넘쳐나는 것도 이렇게 보면 당연한 결과일 것이다.

하지만 '현대의 패스트 푸드'만 문제인 것이 아니다. 서양의 전통 훈제 식품인 소시지나 햄, 슈퍼에서 흔히 살 수 있는 샌드위치나 치즈빵 같은 음식도 필수 영양소는 부족하면서 칼로리는 과다한 불완전 식품에 속한다. 샐러리맨들이나 우리 자녀들이 모여 있는 곳을 한번 살펴보라. 그런 음식이 없는 곳이 어디 있는지. 일주일에 다섯 번 이상 그런 음식에 손을 대지 않는 사람이 과연 몇이나 되는지. 산업화된 영양이 자연 식품의 자리를 차지한 지 오래다.

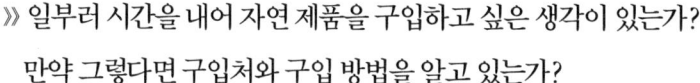

》 일부러 시간을 내어 자연 제품을 구입하고 싶은 생각이 있는가?
　 만약 그렇다면 구입처와 구입 방법을 알고 있는가?

직장에서

우리가 일하는 직장의 환경 변화는 식사 습관이라고 가만히 내버려 두지 않는다. 일은 쌓여가고 상사 눈치도 봐야겠고, 구조 조정이다 뭐다 해서 목이 몇 개라도 무사할 수 없을 것 같은 불안감, 스트레스는 건강과 아름다움에 신경을 쓸 여유를 주지 않는다. 서랍을 채우고 있는 각종 초콜릿 제품, 샌드위치에 규칙적인 음주, 이것이 현대 샐러리맨들의 생활 환경이다.

직장인들의 군것질은 '적은 양을 자주 먹어라'라는 슬로건에도 그 책임이 크다. 허기의 무자비한 공격도 꿋꿋하게 이겨내며 하루 네 번

1/4공기의 밥과 요구르트만 먹고 사는 날씬한 여비서도 초콜릿에게는 너무나 관대하다. 여성들은 억압당하는 남성 사회에서 저항하기가 쉽지 않다. 그러니 초콜릿이라도 내 맘대로 먹으면서 살아야 하지 않을까? 하지만 여성 여러분! 너무 걱정 마시라. 여러분의 해방 투쟁을 공격하겠다는 뜻은 아니니 말이다. 다만 여러분의 정신뿐 아니라 신체도 아름다운 보석으로 갈고 닦아주고 싶을 뿐이다. 그러자면 초콜릿은 정말 백해무익한 식품이다.

》 여러분은 언제 군것질을 하는가?

TV를 보면서

주말마다 TV에서 축구를 중계하지 않는다면 과자 만드는 공장은 매출이 절반으로 줄어들고 말 것이다. 하지만 소금과 지방이 듬뿍 들어 있는 이런 과자 부스러기에 칼로리가 엄청 들어 있다는 사실은 말할 필요도 없을 것이다. 더구나 늦은 시각까지 과자 부스러기를 집어먹다 보면 갈증은 더해가고 그러니 또 맥주를 안 마실 수가 없다.

이런 '바보 상자의 중력(매일 우리를 소파로 끌어당겨 TV를 보게 만드는)'은 여성과 아이들도 놓치지 않는다. 눈을 TV에 고정시킨 채 손은 과자와 아이스크림, 웨하스, 초콜릿, 음료수와 입 사이를 부지런히 오간다. 유럽인들은 시간이 없어 죽겠다고 엄살을 부리면서도 평균 일주일에 22시간을 TV 앞에서 보낸다하고 또 이런 추세는 날이 갈수록 더해갈 것이라고 하니, 날씬해질 전망은 그리 밝은 것 같지 않다.

》 여러분은 일주일에 몇 시간을 TV 시청으로 보내는가?

냉장고 앞을 서성이며

밤이 깊어가고 내일을 위해 잠을 자야 할 시간, 배고픈 몽유병자들이 자리에서 슬며시 일어나 냉장고와 찬장에 남은 비축 식량의 나머지를 뚝딱 해치운다. 이런 약탈의 행렬은 몇 시간 동안 과자와 맥주를 번갈아 가며 위를 세척시킨 결과다. 이런 몽유병 족속들은 대부분 문제를 깨닫고 있으면서도 그 원인이 무언지 몰라 밤잠을 설치고 있다.

》여러분도 이런 문제를 겪고 있는가?

인체 구성의 세 모델

이 세 모델을 소개하기 위해 우선 나는 인체의 구성을 설명하려 한다. 앞으로 여러분의 식사 습관을 고쳐나가려면 반드시 알아야 할 중요한 정보이기 때문이다.

세포 덩어리 - BCM

인체의 구조에 대해 질문을 받으면 여러분은 무엇을 떠올리는가? 뼈와 근육, 장기, 신경, 심장이나 혈관을 먼저 떠올리는가?

군더더기는 빼고 한 마디로 요약해 보면, 생명체의 구조는 세포의 덩어리라고 말할 수 있다. 즉 서로 다른 임무를 수행하는 다양한 세포의 덩어리인 것이다. 이런 세포 덩어리를 BCM이라 부르기로 한다.

43

BCM이란 Body Cell Mass란 영어의 약자이다. 영양을 충분히 섭취한 건강하고 날씬한 사람에게는 이 BCM의 인체 내 비율이 최고치에 이른다. 일반적으로 전체 신체 질량에서 BCM이 차지하는 비율은 40~45%이다. 이중 대부분이 근육이다. 때문에 설명을 간략하게 하기 위해 나는 BCM을 근육과 동일하게 취급하겠다. 나머지 장기의 질량 변화가 아주 미약할 경우 특히 그러할 것이다.

하지만 근육은 아주 변화가 심하다. 예를 들어 운동을 열심히 했을 경우 근육은 탄탄해지지만, 몇 주 동안 깁스를 하고 있다 풀었을 때처럼 활동을 하지 않을 경우 근육은 당장 힘이 없어진다. 또 고기를 사서 요리해 보면 알 수 있듯이, 근육은 물보다 무거우며(물에 가라앉는다), 지방(물 위에 떠 있다)보다도 무겁다.

뼈가 더 무거울 것이라는, 그래서 남들보다 뼈무게가 더 많이 나간다는 '희망에 찬' 잘못된 믿음 역시 나는 적극 반박하고 싶다. 뼈는 인체의 전체 질량에서 지방의 질량을 뺀 비지방 질량의 약 1/10에 해당될 뿐이며 몸무게가 늘어난다 해도 그 부피가 거의 변하지 않는다.

하지만 근육은 뼈와 다르다. 매일 아침 눈을 뜨자마자 20kg 무게의 가방을 메고 하루 종일을 지내다 잠잘 때 풀어놓는다면 얼마 안 가 눈에 띄게 근육이 생길 것이다. 또 근육은 지방(혹은 몸무게)이 증가하면 따라 늘어나고, 지방(혹은 몸무게)이 감소하면 따라서 줄어든다.

세포간 세포 덩어리 - ECM

세포 주변으로는 소위 세포간 세포 덩어리라는 것이 있다. 이는 주로 물로 들어 차 있는 세포 외부에 있는 덩어리로서 우리는 이를 ECM(Extracellular Mass)이라고 부른다. 탄수화물과 단백질을 충분히 섭취한 인체 내에서 ECM이 차지하는 비율은 BCM보다 적다.

하지만 몸무게가 과다하게 나가는 사람에게서는 ECM의 비율이 BCM보다 큰 경우가 드물지 않게 발견된다. 흥미로운 점은, 이런 사람들이 에너지(칼로리)는 과다하게 섭취하지만 현대 의학 상식으로 볼 때 영양 실조에 걸려 있다는 사실이다.

몇 달, 몇 년에 걸쳐 온갖 다이어트를 '두루 섭렵' 한 여성에게서 자주 볼 수 있는 현상이다. 참을 수 없는 식욕을 영양가 없는 음식으로 달래고 다이어트가 실패할 때마다 좌절감에 시달리기 때문에 공복의 단계가 반복된다. 그러다가 마침내는 온갖 잠재성 질병의 증후를 보이게 된다. 잦은 피로감과 오한, 의욕 상실로 시작되다가 공기나 요로계를 통한 다양한 감염성 질환에까지 이르는 경우도 많다.

이는 비타민 결핍 증상이며, 영양 실조에 걸린 사람들의 전형적인 특징이라 할 수 있는 영양소 결핍 증상이다. 참 아이러니한 사실이 아닌가? 음식이 넘쳐나는 시대에 영양 실조라니!

'ECM의 비율이 BCM보다 큰' 이런 유형은 특히 날씬한 몸매가 필수적인 모델이나 모델과 같은 몸매를 원하는 거식증 환자들에게서 자주 나타난다. 임상학적으로 볼 때 눈에 띄는 이들의 특징은 피하 지방 조직이 많다는 것이다. 영양 상태가 양호하고 근육이 적절한 보통의 여성과 비교할 때 그 차이는 일반인들조차도 육안으로 확인할 수 있을 정도이다.

지방 덩어리

마지막 세 번째 모델은 지방 덩어리다. 정상적인 여성의 지방 비율은 15~25%, 남성은 10~18%이다. 여성의 경우 지방이 몸매 형성에 미치는 영향이 큰 반면, 남성은 근육 조직이 몸매에 많은 영향을 미친다. 하지만 거꾸로 생각하면 이 말은 여성의 경우에도 적절한 비율의 근육이 필요하며, 남성도 마찬가지로 적절한 양의 지방이 필요하다는 뜻이 된다.

신체 내 지방의 분포는 유전의 영향이 크다. 하지만 대부분의 사람들이 그러하듯, 적당한 영양을 섭취하고 올바른 생활 습관을 지키면 개인의 유전적인 특질은 그리 강하게 돌출되지 않는다. 영양소가 풍부하고 칼로리는 적은 영양 프로그램과 규칙적인 운동, 목적이 분명하고 책임 의식이 투철한 직장 생활, 적극적인 휴식을 통한 기분 전환.

이런 조건만 갖춘다면, 어떤 유전적인 특질을 타고나더라도 아름다운 피부와 몸매를 가질 수 있다.

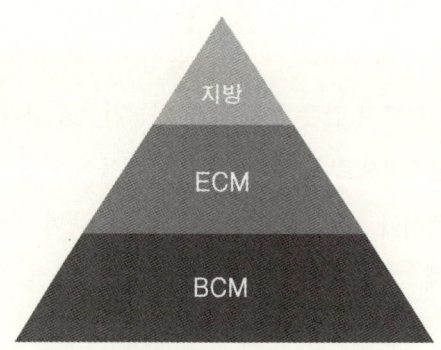

내 지방량은 얼마일까

바이오전기 임피던스 분석이라고? 실험실에서 하얀 가운을 입은 사람들이 주고받을 것 같은 어려운 개념이지만 겁먹을 필요는 없다. 곧 알게 되겠지만 여러분의 이해를 돕기 위한 아주 중요한 개념이자 꼭 필요한 개념이니 말이다. 나는 지방 측정이라는 개념을 의도적으로 기피하였다. 그것이 'BCM-ECM-지방'을 비교하여 측정한 측정가에 중점을 두지 않기 때문이다. 이후부터는 바이오전기 임피던스 분석을 간단하게 BIA(Bioelectric Impedance Analysis)로 줄여 쓰기로 하겠다.

몸무게가 아니라 몸매를 재자

인간의 몸매를 물질적인 측면에서 판단하려면 기존의 저울로는 충분하지 않다. 앞에서 설명한 세 부분을 서로 연관하여 측정해야 하기 때문이다. 그렇게 할 때 비로소 우리는 신체의 현 상태를 정확히 파악할 수 있다. 물론 각 부분의 질량을 지방 감소 프로그램의 틀 내에서 살피고 측정한다면 더더욱 알찬 결실을 거둘 수 있을 것이다.

기본적으로 이런 측정 방법은 프로 스포츠에서도 활용할 수 있으며, 근육을 만드는 보디빌딩에서도 사용할 수 있다. 물론 근육 형성 단계에서는 지방 감소 단계보다 예기치 않은 신체 구성의 변화가 일어날 위험이 적다.

BIA는 감량을 목적으로 하는 다이어트 기간 동안 신체의 상태를 판단하는 표준 도구이다. 그것은 'BCM-ECM-지방'의 변화 과정을 전달해 주고, 이를 통해 감량 기간 동안 식사 습관의 옳고 그름을 판단할 수 있도록 해준다. 세심한 계획을 세워 잘 선별한 음식을 규칙적으로 섭취한 사람만이 좋은 결과를 얻을 수 있다.

특히 BCM과 ECM의 관계는 지방 연소가 장기적으로 성공을 거둘 것인지, 아니면 변화된 식사 습관이 악영향을 미칠 것인지를 알려준다. 식사 리듬과 영양 구성이 적절하지 못할 경우 공복감과 피로감, 오한이 엄습하며 결국 좌절감에 빠지고 만다. 한 번 이런 상태에 빠져들게 되면 헤어나오기가 쉽지 않다.

그 끝은 당연히 요요 현상일 것이다. 그러므로 BIA는 충분한 영양 섭취와 최대의 지방 연소를 조절할 수 있는 중요한 수단이라 하겠다.

측정 방법은 (수분을 인체 내에 골고루 분포시키기 위해) 누운 자세로 전극을 반신의 손과 발에 부착시킨다. 부착 부분 피부의 지방을 완

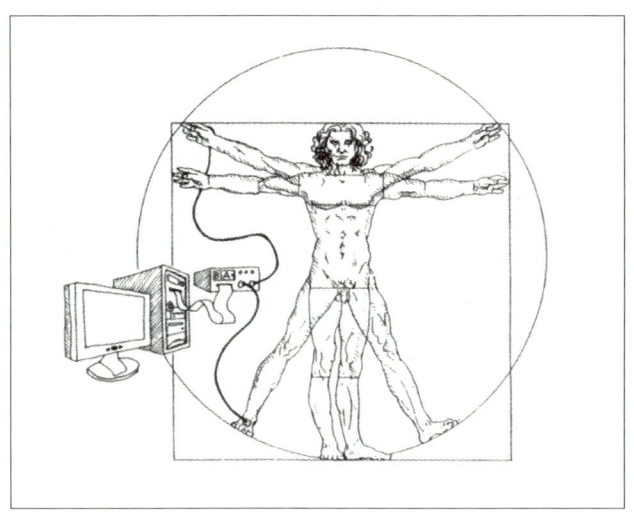

전히 제거해야 오차를 최소화할 수 있다. 'BCM-ECM-지방'의 비율은 각 해당 부분의 전도율을 측정하여 구해낼 수 있다.

이런 식으로 몇 초 내에 통증 없이 신체 물질의 분석이 아주 정확하게 끝날 수 있다.

저울을 대신하게 될 BIA

의학계와 의료 업체들도 식사 습관을 정확히 판단하기 위해서는 인체의 물질적 분석이 필요하다는 사실을 오래 전부터 인식하고, 그에 필요한 새로운 기계 장치들을 시장에 선보이고 있다. 하지만 아쉽게도 현재 이런 측정 기구의 가격이 상대적으로 높아 일반인들이 손쉽게 구입할 수 있는 상황이 아니다. 하지만 얼마 안 있어 품질과 가격이 적당한 기계가 대량 보급될 것으로 예상된다.

지금도 소위 '지방 저울'이라는 것이 나와 있지만 조작 방법을 너무 단순화시키다 보니 정확도가 떨어진다.

하지만 우리가 사용하고 있는 저울이 전기 분석 기계로 대체될 날도 머지 않았다.

매크로 영양소

이 책에서 나는 개별 영양소나 그 하위 그룹, 생화학 공식 따위를 열거하지는 않겠다. 그런 주제를 다룬 책은 충분하니까 말이다. 여기서는 그것들의 관계, 다시 말해서 잘못된 상식이 미치는 악영향을 지적하는 데 중점을 두려고 한다.

현재 대부분의 사람들은 우리가 먹는 식사가 에너지를 공급할 뿐 아니라, 인체를 보호하고 신진 대사를 촉진시키며 건강을 지켜주고 활력을 주는 영양소를 제공하고 있다는 사실을 잊고 있다. 우리는 이런 물질들을 매크로 영양소라고 부르며, 이는 에너지원으로서 칼로리(cal), 킬로 칼로리(kcal), 혹은 줄(j), 킬로 줄(kj)의 단위로 표시한다.

우리가 섭취하는 음식의 칼로리는 탄수화물, 단백질, 지방에서 나오며, 탄수화물과 지방은 소위 '연소 물질', 단백질은 '구성 물질'이다. 반면 에너지가 없는 물질들은 마이크로 영양소라고 부르며, 이 영양소는 인체의 신진 대사를 원활하게 만드는 '윤활 물질'이다.

식사의 질이 문제다

탄수화물과 지방은 에너지를 공급한다. 따라서 열(체온 유지), 기계에너지(근력, 심장 수축, 장의 연동 운동), 전기 에너지(신경 전달 기능) 혹은 화학 에너지(호르몬, 소화 효소)를 만들어낸다. 우리의 신체는 에너지원의 부족을 공복감으로 느낀다. 피곤하고 기력이 없으며 육체적, 정신적 능률이 떨어지고 '배꼽 시계'가 울리면서 배가 고프다는 느낌이 든다.

하지만 무기질이나 비타민, 섬유질, 그리고 최근에 그 중요성이 부각되고 있는 2차 식물성 물질 등과 같은 마이크로 영양소의 부족은 의사들조차도 오해하거나 제대로 인식하지 못할 정도로 아주 느린 속도로 인지가 된다.

그러므로 전쟁이나 경제위기 상황에서는 마이크로 영양소의 부족보다 에너지원의 부족을 훨씬 빨리 깨닫게 되는 것이다. 모든 것이 풍족한 복지의 시대, 인구의 영양 과다가 자연의 순리를 넘어선 지금, 우리는 그런 이유로 진정한 문제를 파악하지 못하고 기아에 허덕이는 다른 국가의 문제에만 관심을 돌린다. 하지만 복지의 시대에도 문제는 있다. 지금 마이크로 영양소가 부족한 사람들이 적지 않고, 매크로 영양소의 균형이 깨진 사람들이 너무 많기 때문이다.

> 66 *식사의 양이 문제가 아니다. 질이 문제다!* 99

여기까지 읽은 여러분들 중에 이렇게 생각하는 사람도 있을 것이다. "좋아, 하지만 맛있기만 하면 되는 거 아니야. 뭘 그렇게 까다롭게 굴어?" 축하를 드리는 바이다. 여러분은 그야말로 전형적인 현대인이니 말이다.

'맛있다'는 말은 무슨 뜻일까? 식사의 질을 판단하는 기준은 무엇일까? '까다롭게 굴지 않겠다'니 그 결심은 또 무슨 뜻인가? 뭐 크게 잘못한 일이라도 있어서, 무슨 일이든 관대해지기로 마음 먹기라도 했다는 말인가?

질은 맛이나 냄새와는 아무 관계가 없다. 음식을 보기 좋게, 먹기 좋게 만들어 포장하는 것과도 아무 상관이 없다. 질이란 자연의 소재로 구성된 음식, 다시 말해 자연에서 나온 음식이 인공 재료보다 소화가 잘 되며 인간의 발명품보다 훨씬 안전하다는 뜻이다.

"맞는 말이야. 하지만 자연에서 얻은 것만으로는 전 인류가 배부르게 먹을 수가 없어." "세상 사람들이 불어나는 살과 전쟁을 하고 있는 이 복지 시대에 뭐 말라빠진 자연 타령이야?" 이렇게 외치는 사람들을 향해 나는 이런 말을 해주고 싶다. 에스키모는 적도에 사는 사람들이 냉장고가 필요할 거라고 고민하지 않는다. 마찬가지로 적도에 사는 사람들은 솜이불이 어떻게 생겼는지 관심도 없다.

질은 생활의 질이요, 생명은 자연이다. 질 좋은 식사를 원하는 사람이라면 최대한 자연 식품을 선택해야 할 것이다.

이런 이유에서 나는 매크로 영양소에 관해 좀더 상세하게 설명을 해보겠다. 상식적인 이야기라고 치부해 버릴 설명도 있을 것이다. 하지만 이론과 실제 사이에는 까마득한 차이가 있다. 이 차이를 손쉽게 없애려면 가치 있는 정보를 의식적으로 섭렵하고 이를 조금씩이나마 규칙적으로 실천에 옮겨야 한다.

매크로 영양소의 에너지

매크로 영양소의 에너지는 영양소마다 차이가 있다. 예를 들어 1g의 탄수화물과 1g의 단백질은 4.3kcal의 에너지를 내지만 1g의 지방은 연소되면서 9.1kcal의 열량을 만들어낸다. 탄수화물 및 단백질에 비해 두 배에 달하는 수치다. 이는 칼로리가 적은 음식을 섭취하고자 할 때 특히 유념해야 할 사실이다. 지방이 많은 음식은 탄수화물이 많은 식사보다, 같은 양을 섭취한다 하더라도 훨씬 많은 칼로리를 함유하고 있기 때문이다.

매크로 영양소는 섭취된 후 어떻게 될까

탄수화물과 단백질, 지방은 위를 통해 소장에 도착하고 여러 소화 과정을 통해 분해된다. 그런 다음 혈액(문맥 순환계)과 림프관 속으로 흡수된다. 탄수화물과 지방은 필요에 따라 연소 직후 사용되며, 그렇지 않은 경우 간이나 근육, 지방 조직에 저장된다.

단백질은 간에서 사용 가능한 성분으로 변하여 죽은 세포를 활성화시킨다. 인체의 세포는 일생 동안 형성과 사멸을 반복하며, 따라서 매일 필요한 단백질의 최소량은 몸무게 1kg당 1g이다. 하지만 성장중인 아동이나 프로 운동 선수는 신체 활동량이 많기 때문에 단백질 필요량도 더 많다.

탄수화물은 신속하게 사용할 수 있는 에너지이며, 따라서 단기간의 신체 활동에 우선적으로 사용된다. 반면 지방은 주로 장기간의 활동(심장 활동, 호흡, 장의 연동 운동, 말하기, 껌 씹기, 보행, 천천히 달리기)을 통해 연소된다.

내가 소비하는 하루 에너지량

아름다운 몸매를 유지하려면 아래의 공식을 알아두는 것이 유익할 것이다. 내가 주장하는 내용을 수학 공식을 통해 입증하고 싶은 독자라면 호기심을 한 번 발휘해 보아도 좋을 것이다. 하지만 숫자는 딱 질색이라고 고개를 젓는 독자라면 그대로 지나쳐도 상관없는 부분이다. 원한다면 이 단락은 그냥 넘어가도 좋다.

앞에서 언급했듯이 우리의 신체는 24시간 동안 상당량의 에너지를 소비한다. 예를 들어 키가 170cm인 사람이 단순 활동을 하는 경우, 약 2000kcal를 근육 활동 및 전기, 기계 에너지로 전환시킨다. 매일 2000kcal를 식사를 통해 섭취하고 2000kcal를 소비한다면 에너지의 대차대조표가 딱 맞아떨어진다. 에너지의 대부분은 자동 신체 기능(심장 순환, 호흡, 체온 유지, 신경 전달, 소화 등)에 소비된다. 이를 기초 대사라고 부른다. 기초 대사량은 비지방 질량(BCM+ECM)을 이용하여 다음의 공식으로 계산할 수 있다.

$$기초\ 대사량 = 1kcal \times 비지방\ 질량\,(kg) \times h$$

예를 들어 몸무게가 70kg인 사람이 지방을 뺀 몸무게가 62kg이라면 (지방 비율은 약 12%), 그 사람의 1일 기초 대사량은 다음과 같다.

$$기초\ 대사량 = 1kcal \times 62\ kg \times 24시간 = 1500kcal$$

기초 대사량과 더불어 매일정상적인 사무실 근무와 가사 노동을 전제로 할 때, 기초 대사량의 약 1/3에 해당하는 추가 에너지 소비가 있다. 이를 우리는 1일 대사량이라고 부르며 다음의 공식으로 구한다.

$$1일\ 대사량 = 기초\ 대사량 + 1/3 \times 기초\ 대사량$$

따라서, 앞에서 살펴본 남성의 경우 1일 대사량은 다음과 같다.

$$1일\ 대사량 = 1500kcal + 1/3 \times 1500kcal = 2000kcal$$

중노동을 하는 사람(미장일이나 건축일)이나 프로 스포츠 선수는 하는 일에 따라 1일 대사량이 증가한다(하지만 이 사람들의 1일 대사량도 우리의 예상보다는 낮다).

쪘다가 줄었다가

식사를 통한 에너지 섭취량과 연소를 통한 에너지 소비량이 매일 거의 동일할 경우, 비축분(지방의 여유분)은 변함없이 유지된다. 하지만 섭취가 소비보다 많은 경우에는 비축된 지방의 부피와 무게가 늘어나기 마련이며 또 소비가 섭취보다 많을 경우에는 비축된 지방이 줄어들기 마련이다.

각 유기체는 나름대로 정해 놓은 표준 지방 수치가 있기 때문에 식사를 과도하게 하거나 단기간 금식을 한 이후에도 지방의 양은 다시 원래의 수치로 재조절된다. 다만 장기적인 영양 섭취에 변화가 있게 되면 표준 수치가 바뀐다. 때문에 지방 조직의 증가나 감소는 장기적인 영양의 변화를 통해서만 안정시킬 수 있다.

따라서 명절 동안 3kg이 쪘다는 생각은 같은 기간 동안 3kg이 줄었다는 생각과 마찬가지로 잘못된 믿음이다. 금식 기간이 지나면 금방 표준 수치로 재조절되듯, 먹자판의 기간이 지난 후에는 다시 표준 수치로 되돌아간다.

매일 조금씩 지방을 저축한다?

따라서 지방의 증가와 발을 맞춘 계속적인 몸무게의 증가는 몇 달에 걸쳐, 소비량보다 많은 칼로리의 음식을 섭취할 때에만 가능하다. 필요 이상의 칼로리가 7000kcal가 될 때 저장되는 지방의 양은 1kg이다. 평균 매년 1kg의 지방이 늘어난다면 10년 후에는 10kg이라는 무시하지 못할 숫자가 된다. 지방의 증가는 근육과 수분의 증가를 동반하기 때문에 실제로 증가한 몸무게는 13~15kg이 된다.

　7000kcal의 에너지 과다 섭취량은 1kg의 지방 저장으로 이어진다. 7000kcal를 365일로 나누면 매일 20kcal라는 수치가 나온다. 20kcal는 얼마 안 되는 수치이지만 이만큼을 10년 동안 계속 과다 섭취했을 때 몸무게 13~15kg이라는 막대한 숫자로 발전하는 것이다. 이 단락을 편안한 마음으로 다시 한 번 읽어보라. 여러분의 몸이 지방 저장에 아무리 저항한다 해도 결과는 마찬가지일 것이다.

》 **이 사실을 지방이 감소할 때에도 적용할 수 있을까?**

인슐린은 힘이 세다

　인슐린의 분비량이 너무 적거나 작용에 문제가 있을 경우, 당뇨병이 생길 수도 있다는 건 여러분도 이미 알고 있을 것이다. 인슐린은 췌장에서 생산된다. 식사 후 혈당량이 상승하게 되면 인슐린은 당(글루코스)을 혈액에서 근육 및 뇌, 장기, 세포로 분산시키는 역할을 한다. 따라서 인슐린은 세포에 에너지를 저장하는 기능을 맡고 있다.

　이런 기능을 발휘하는 과정에서 인슐린은 비축된 지방의 소비를 막는다. 달리 표현하면 인슐린이 지방 세포 내의 지방 저장을 담당하는 것이다.

　식사를 한 후 혈액 내 인슐린 양이 증가하면 그 기간 동안 지방의 흐름이 차단된다. 따라서,

> *지속적으로 적은 양의 식사를 하는 경우,*
> *지방이 소비되지 않거나 소비되더라도 극히 적은 양에 불과하다.*

지방 비축을 원치 않는 사람들, 나아가 지방을 줄여보려고 하는 사람들에겐 치명적인 뉴스이다. 여러분은 아마 굉장히 놀랐을 것이다. 규칙적으로 적은 양의 식사를 할 경우 건강에 좋다고 알고 있었기 때문이다.

이제 나는 여러분에게 일반 상식과 정반대되는 나의 주장을 증명해 보이도록 하겠다.

하루 세 끼면 충분하다

'적은 양을 자주 먹으면 좋다' 는 말은 어디서 나온 것일까?

에너지를 과도하게 소비하는 사람은 에너지를 적게 소비하는 사람과 같은 양의 식사로는 생활을 유지할 수 없다. 들판에서 일을 하거나 중노동에 시달려야 했던 우리의 조상들이 그러했을 것이다. 또 현대에도 지구력을 요하는 종목의 프로 운동 선수들은 1일 10,000kcal의 에너지를 소비하고 있다.

사무실 책상 앞에서 많은 시간을 보내고 자동차나 엘리베이터와 같은 이동 수단이 발명되면서 현대인의 에너지 소비량은 몇 십 년 전에 비해 현저하게 감소하였다. 신체 단련 기회도 단시간 안에 후딱 해치우는 활동에 국한되고 있다. 그런데도 식품 업체들은 신체적, 정신적

욕구의 만족을 목표로 하는 상품들을 끝없이 개발해 내고 있다.

적은 양의 식사를 자주하면 좋다는 주장을 듣게 되면 문득 이런 질문이 떠오른다. 만일 그렇다면 일반인의 다섯 배에 해당하는 10,000kcal를 소비하는 사람들은 식사 횟수를 다섯 배로 늘려야 할까? 아니면 식사량을 다섯 배로 늘려야 할까?

만일 횟수를 다섯 번으로 늘려야 한다면 일반인들이 주식을 세 번, 간식을 두 번 먹는다고 가정할 때, 중노동을 하는 사람이나 프로 운동 선수들은 1일 총 25회의 식사를 해야 할 것이다. 하루 종일 먹다가 세월을 다 보낼 것이다. 또한 중노동을 하는 사람이나 프로 운동 선수들이 식사 때마다 더 많은 양을 먹을 수 있다면 일반인들이라고 더 먹지 말라는 법이 어디 있는가?

또 한 가지. 적은 양을 자주 먹는 것이 정말 건강에 필수적이라면, 밤에도 한두 번 깨어나 간식을 먹어주어야 할 것이다. 수면중에도 칼로리 소비가 1일 대사량의 1/3에 이른다고 한다. 그렇다면 왜 밤에는 식사를 안 하는 걸까? 밤이 되면 식욕보다 수면욕이 더 강해져서? 아니면 지금까지 아무도 새벽 세 시에 일어나 '건강에 좋은 밤참'을 먹어보라고 용기를 북돋아준 사람이 없었기 때문에?

참 오묘한 일이다. 내 머리로는 도저히 납득이 안 된다.

본론으로 돌아가 보자. 그게 인슐린과 무슨 상관이 있을까? 식사 후 다음 식사 때까지 5~6시간의 공복 기간은 췌장에게 '휴식과 긴장 완화'의 기회를 준다. 혈청 내 인슐린 양이 낮아지면 지방 조직은 지방산을 혈액과 세포(특히 근육 세포)로 보내 연소시킬 수가 있다. 즉 다음

식사 시간을 기쁜 마음으로 맞이 할 수 있도록 소화 과정이 진행되는 것이다.

이미 당뇨병에 걸린 사람도 이런 식사 리듬을 유지하면 좋은 치료 효과를 거둘 수 있다. 혈당을 저하시키는 약물에 익숙해져 있는 사람들도 인슐린 저항력을 완화시킬 수 있으며, 그를 통해 약을 다시 끊은 사람들도 있었다.

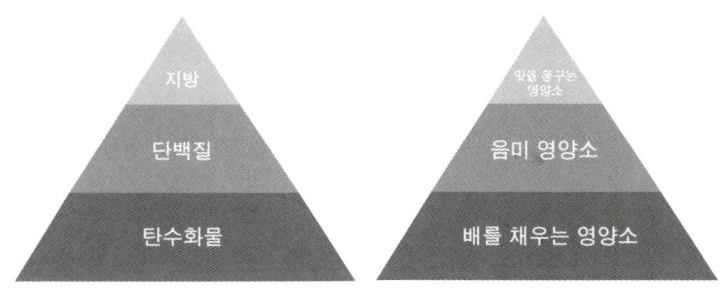

배를 채우는 영양소 - 탄수화물

위의 영양 피라미드를 보면 탄수화물이 양적으로 큰 의미가 있다는 사실을 알 수 있다. 하지만 탄수화물이라고 해서 다 같은 탄수화물이 아니다. 영양의 질을 높이는 탄수화물은 어떤 것일까?

당류라고 해서 우리 몸에 모두 좋은 것은 아니다. 단당류는 이당류나 다당류와 구분된다. 과일이나 채소, 곡류 및 지구상의 모든 식물에 들어 있는 복합 탄수화물은 건강한 에너지를 제공하며, 특히 갖가지 비타민과 무기질, 섬유소가 풍부하다.

'곁들임 요리가 비만을 부른다' 는 잘못된 상식

국수와 밥, 감자, 빵 중 어떤 것을 먹으면 더 살이 찔까? 중요한 건 질이다. 다시 말해 물질의 내용이 중요한 것이다. 100g의 국수는 350kcal를, 200g의 국수는 그 두 배의 칼로리를 낸다. 하루 필요한 에너지 2000kcal를 섭취하려면 1일 몇 회에 걸쳐 적당한 양을 먹어주어야 한다. 사슬이 긴 탄수화물은 상대적으로 빨리 위를 채우기 때문에 금방 포만감을 느낄 수가 있다.

" 하지만, 국수라고 다 같지는 않다. "

국수에도 여러 가지가 있다. 백밀로 만든 일반 국수가 있고 통밀로 만든 통밀 국수가 있는가 하면 스파게티 국수가 있고 메밀 국수가 있고……. 중요한 건 한 가지다. 자연 식품만 생각하면 된다. 비록 쉽게 눈에 띄지 않기 때문에 약간의 수고가 필요하겠지만, 될 수 있는 대로 사람의 손길이 덜 간 자연에 가까운 식품이 건강에 유익하다.

" 조리법에 따라 천양지차다. "

약간의 올리브유, 토마토, 자극이 약한 향신료로 만든 이탈리아식 파스타가, 크림이 듬뿍 들어 있는 빵이나 기름진 삼겹살보다 칼로리가 적다는 건 삼척동자도 다 아는 사실이다. 기름에 볶지 않은 스파게티

가 맛있을 리 만무하지만 맛을 즐기자고 싸구려 기름 속에 빠져 헤엄을 쳐서야 되겠는가. 식사의 즐거움은 자극 강한 향신료보다는 풍부한 상상력으로 얻어지는 것이다. 사실 요즘처럼 다양한 정보가 넘쳐나는 시대도 없을 것이다. 관심과 노력만 있다면 곳곳에 건강에 유익하면서도 맛있는 요리법이 널려 있다. 문제는 끼니 때마다 좀더 많은 시간을 부엌에서 보내면서 아이디어가 넘치는 음식을 조리하려는 의지가 있는가 하는 것이다.

'빵을 먹으면 뚱뚱해진다' 는 잘못된 상식

여러분의 생각이 맞을지도 모른다. 빵의 경우도 마찬가지여서, 빵이라고 전부 같은 빵이 아니기 때문이다. 통밀빵은 자연을 뜻한다. 하지만 백밀빵은 인간의 손에 의한 변형을 의미한다. 백밀과 설탕이 산업적으로 생산된 이후 맛에 대한 인간의 관념이 바뀌었다. 제과점이나 슈퍼에 진열된 다양한 종류의 빵과 단 음식은 요람을 빠져 나오는 순간부터 인간을 열광시킨다. 배고픔을 순식간에 달랠 수 있는 단순한 방법은 현대식 생활 방식에 딱 들어맞는다.

식품 업체들은 매일 고객을 유혹할 수 있는 갖가지 상품을 시장에 선보이고 있고, 그에 맞추어 고객들은 터무니없는 수요와 열광으로 보답하고 있다.

》누가 먼저 시작했는가? 생산자인가 소비자인가?

그렇다. 바로 여러분, 바로 '자기 자신이' 문제다. 우리는 어떤 쪽이 우리 몸에 더 좋은지 생각해 보아야 한다.

시간이 정말 없다면 햄과 치즈 조각을 얹은 빵으로 정신 없이 한 끼 식사를 때울 것이 아니라, 한 조각의 통밀빵과 야채, 토마토로 시간을 절약해 보자. 빵을 먹어 뚱뚱해지는 것이 아니라 햄과 치즈에 들어 있는 지방 때문에 뚱뚱해지는 것이다. 빵을 먹더라도 빵의 두께가 어느 정도인지, 그 위에 얹어 먹는 햄과 치즈의 두께가 얼마인지 한 번 살펴보자. 슬프게도 우리 현대인들은 무조건 값싸고 먹기 편하고 모양이 예쁜 것만 찾아 다닌다.

빵을 먹더라도 될 수 있는 대로 통밀빵이나 잡곡빵을 택하고 한 조각의 야채나 과일, 유제품을 곁들이자. 하지만 무엇보다도 시간 관리에 유의하여 정성껏 마련한 따뜻한 식사로 즐거운 한때를 보내는 것이 건강에 가장 유익하다.

초콜릿, 음료수, 맥주, 알코올을 먹으면 살이 찌는 이유

제목만 보고 여러분은 내가 특정 식품에 관해 이야기할 것이라고 예상했을 것이다. 물론 탄수화물 이야기를 계속할 것이지만, 여기서는 영양을 제공할 뿐 아니라 부작용도 낳을 수 있는 탄수화물의 성격에 대해 말하려고 한다. 모든 작용에는 부작용도 포함되는 법이다. 한 번 더 인슐린 이야기를 해보자.

인슐린은 앞서도 말했듯이, 위장의 아래쪽 뒤편에 자리 잡은 '췌장'에서 분비되는 호르몬으로 혈당량이 높아질 경우 혈액 속으로 분비된다. 단 음식이나 음료수, 사탕에는 인공적으로 생산된 당이 들어 있다.

이런 당은 장에서 섭취된 후 곧바로 혈액 속으로 녹아 들어간다. 특히 공복에는 이런 과정이 더욱 신속하게 진행되어, 췌장이 최고의 가동률을 발휘하게 만든다.

당이 근육이나 세포 내에서 즉시 에너지로 쓰일 수 없는 상황이면 인슐린은 이것을 지방 조직에 저장시킨다. 장에서 혈액으로 쏟아져 들어오는 당의 양이 많아질 경우 혈청 내 인슐린 양이 급속히 떨어지고 불쾌한 피로감이 엄습한다. 그렇게 되면 금방 공복감이나 허기가 찾아오고, 어쩔 수 없이 다시 액체나 식품을 섭취해야 한다.

하지만 이럴 경우 대부분의 사람들은 물 대신 과즙이나 음료수, 맥주 등을 마시기 때문에 다시 칼로리가 추가된다. 알코올의 경우 음용 후 몇 시간 동안 지방 조직의 지방산 방출을 차단시키기 때문에 더 좋지 않은 영향을 미친다.

아이들도 어린 시절부터 엄마나 할머니, 친구나 광고를 통해 매일 단 과자나 아이스크림, 과즙, 단 유제품에 단련이 되기 때문에 앞으로 몇 십 년이 지나 성인이 될 경우 심각한 부작용에 시달릴 것이다. 심할 경우 당뇨병에 걸릴 수도 있다.

하지만 이 책을 읽는 어머니, 할머니들께 화내지 말라고 부탁드리고

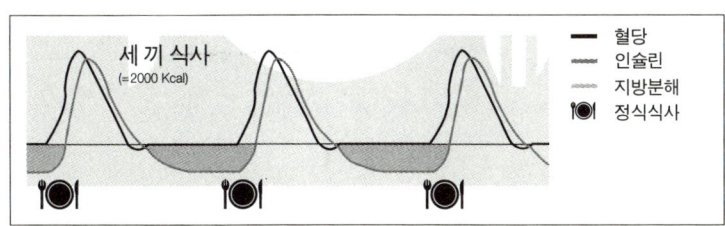

세 끼 식사
(= 2000 Kcal)

━━ 혈당
〜〜 인슐린
〜〜 지방분해
🍽 정식식사

싶다. 여러분도 한때는 어린 아이였고, 한때는 지금보다 몸매가 더 좋았을 테니 말이다.

그러니 우리의 문제로 되돌아가 보자.

우리의 체세포는 날이 갈수록 혈액 내 인슐린 양의 증가에 적응이될 것이다. 그런 상태로 몇 년이 지나고 나면 웬만한 양의 인슐린쯤은 완전히 무시할 것이고, 그렇게 되면 췌장은 계속해서 더 많은 양의 인슐린을 생산하다가 언젠가는 도저히 생산해낼 수 없는 지경에 이르고 말 것이다. 비축한 인슐린을 남김없이 다 쓰고 마지막엔 혈당이 계속 높아지는 당뇨병에 도달할 것이다.

당뇨병은 신장의 혈액 순환 장애(투석), 다리의 혈액 순환 장애(절단), 신경삭의 혈액 순환 장애(통증과 감각의 장애), 그리고 안구의 혈액 순환 장애(실명) 등의 합병증을 동반한다. 날이 갈수록 당뇨병 환자의 나이가 낮아지고 있다. 요즘은 30세 미만의 환자도 적지 않다.

하긴 달리 생각하면 현대 의학 덕분에 이런 사실을 알게 된 것만으로도 기뻐해야 할 일이다. 아직까지는 그래도 우리의 식사 습관을 개선할 시간이 있으니 말이다.

음미 영양소 - 단백질

단백질은 다이어트 처방전마다 등장하는 주제이다.

단백질은 어떤 영양소보다 기능이 다양하다. 지방을 연소시키고 근육을 형성하며 효소와 호르몬을 생산하고 면역 체계와 아름다움을 유지해 준다. 한마디로 단백질은 못하는 것이 없는 만능 박사이다.

그런데 이런 단백질의 영양 구성 성분의 가치에도 불구하고, '칼로리 절감 프로그램' 기간 동안 단백질 섭취량이 과도하다고 생각하여 의식적으로 육식을 기피하는 사람들이 있다.

현재 얼마나 많은 여성들이 채식주의를 고집하면서 아름다운 몸매를 꿈꾸고 있는지 그 수를 헤아릴 수가 없을 지경이다. 사랑하는 여성 여러분! 이 말을 했다고 해서 당장 기분이 상해 책을 덮지 말고 내가 하는 말을 주의 깊게 들어보라.

육식과 햄의 소비가 성황을 이루었던 1970년대에 학계는 단백질이 질병을 유발한다고 주장하기 시작했다. 이 시기에 실제로 육식이나 햄이 건강에 해로운 작용을 하며 모세 혈관에 쌓인 단백질이 혈압을 상승시키고 요산이나 콜레스테롤의 수치를 높여, 당뇨병을 비롯한 몇 가지 질병을 유발했다는 증거를 제출한 학자들도 있었다.

그러나 이런 연구 결과는 이제 많은 부분 그 의미를 잃었고, 특히 콜레스테롤이나 포화 지방산, 아라키돈산, 푸린과 같은 육식 제품의 동반 물질이 그 가치를 인정받기 시작했다.

그 증거로 현재 우리가 엄청난 양의 단백질을 유제품과 콩류, 분말 농축 제품, 육류를 통해 섭취하고 있지만 지금까지 앞에서 언급한 증상들이 나타나지 않고 있다는 사실을 들 수 있겠다.

하지만 대량 사육을 통한 '육류 생산'의 문제는 심각한 수준에 이르렀다. 호르몬이나 약품을 사용하고 좁은 공간에 가두어 사육하는 데다 성장을 촉진시키는 사료를 사용하는 등 동물에게 미치는 인간의 영향력이 커짐에 따라 날로 고기의 질이 떨어지고 있다. 이처럼 동물뿐 아

67

니라 인간의 건강에도 해로운 각종 조치들이 현재 법적으로 금지된 상태이기는 하지만 아직도 암암리에 사용되는 것이 현실이다.

동물은 방목을 하여 천적과 더불어 생활하면서 면역력을 키우고 자연에서 성장하는 생명체를 먹고 자라야 가장 건강하며, 고기의 질도 좋다. 소규모 사육 농장, 바이오 농업의 아이디어도 바로 이런 생각에 기초를 둔 것이다.

새모이만 쪼아 먹고 사는 채식주의자들에게 나는 이 자리를 빌어 그들의 오류를 지적하고 그들의 식생활에 대한 지나친 자부심에 철퇴를 가하고자 한다. 그들이 '비곗살을 다 떼어낸' 음식을 먹으면서 인체에서는 합성되지 않는 필수 아미노산까지 멀리하고 있기 때문이다. 이런 필수 아미노산은 생선이나 육류, 유제품을 먹지 않으면 섭취하기가 아주 힘들다.

생선이나 육류의 섭취는 수치스러운 일이 아니다. 그런데도 요즘엔 유행처럼 너도 나도 육식을 기피하고 있다. 얼마 안 가, 분명 긍정적이지 않은 결과가 초래될 것은 불을 보듯 뻔하다. 인간은 의사도 약사도 없던 3백만 년 전부터 고기를 먹어왔다. '수렵과 채집을 하였던 인간은 그래서 음식물을 절단할 수 있는 앞니와 송곳니를 가지게 되었다!' 수백만 년 동안 수없이 많은 인간들이 잘못 생각했던 것일까? 자연이 틀린 것일까? 아니면 채식주의자들이 틀린 것일까?

방목을 하여 키운 소와 사육된 소의 'BCM-ECM-지방'의 비율을 비교해 보면, 진찰실에 찾아온 환자와 건강한 사람의 비율을 비교할 때와 마찬가지의 차이를 발견할 수 있다. 이런 차이에서 알 수 있는 사실은 건강한 식생활을 하고 운동을 많이 하며, 충분한 휴식을 취하고 열심히 일하는 것이 인간을 건강하게 만들며 동물 역시 건강하게 만든다는 것이다. 야생 동물과 물고기는 아직 이런 자연 조건 아래에서 살고 있다고 보아도 좋다. 때문에 그 고기는 건강한 영양소로 취급받는 것이다.

여기서 중요한 요소 중 하나는 지방의 비율이며, 지방 중에서도 포화 지방 및 불포화 지방의 비율이다. 과거의 인간들은 직접 사냥하여 잡은 '야생 고기'를 먹었기 때문에 포화 지방의 다섯 배에 이르는 불포화 지방을 섭취하였다. 하지만 현대인은 햄과 사육 고기로부터 거꾸로 다섯 배가 많은 포화 지방을 섭취하고 있다. 그러니 식물성 지방을 지금보다 더 많이 섭취하라는 충고가 빈말이 아닌 것이다.

현재 우리의 단백질 섭취 상황은 심각하게 재고해 보아야 할 수준에 이르렀다. 야생 동물이나 생선처럼 지방이 적고 영양가가 높은 고기를 많이 먹어야 한다. 아무리 혀가 유혹을 하고 식사 준비가 번거롭다해도 지방의 과다한 섭취량를 고려하여 햄이나 치즈를 줄이며, 유제품과 과일을 많이 먹고, 현미나 통밀 등 인간의 손길이 덜 간 곡식을 선택하는 것, 그것이 바로 '건강한 식사의 기술'이 아니겠는가.

맛을 돋구는 영양소 - 지방

'지방은 맛을 좋게 만든다' '지방을 먹으면 뚱뚱해진다' '지방을 먹으면 병에 걸린다' '지방은 건강에 유익하다' …… 모두 맞는 말이다. 그렇다면 과연 진실은 무엇인가? 지방에는 우리가 알지 못하는 비밀이라도 숨어 있는 걸까?

우리가 반드시 알아야 할 기본 지식은, 지방은 아주 소량만이 생명에 필수적이라는 사실이다. 하지만 현대인들이 먹고 있는 음식에는 너무 많은 지방이 함유되어 있다. 특히 햄이나 고기 가공 제품, 수많은 종류의 치즈 및 기타 유제품 속에는 과도한 포화 지방이 들어 있다.

기름을 두르고 튀기고 볶고 지진 음식들은 엄청난 지방을 함유하고 있고, 그 지방이 만들어 내는 열량이 다 소비될 리 만무하므로 날씬한 몸매를 가꾸어주지 못할 것이란 건 누구나 아는 사실이다. 다만 짚고 넘어가야 할 사실은 이런 음식들이 들어오면 우리의 뇌는 자동적으로 이렇게 느낀다는 것이다. 아, 맛있구나!

과도한 소금과 백밀, 흰 설탕이 함유된 식품과 식품 첨가물 역시 이런 그룹에 포함시키고 싶다. 이런 음식을 통틀어 나는 '지방과 결합한 식품'이라 부른다. 설탕은 근육이나 뇌가 에너지를 즉각 필요로 하지 않는 경우 바로 지방 조직으로 들어가 저장되기 때문이며, 소금은 갈증을 유발하여 물을 끌어당기기 때문이다.

그럴 경우 물만 마시고 끝난다면 사실 그렇게 심각한 문제는 아니다. 하지만 칩이나 과자, 치즈빵을 먹고 목이 메이는 데 물을 마실 사람이 몇이나 되겠는가? 대부분 그런 갈증은 음료수나 맥주 등 소금과 알코올이 첨가된 칼로리 공급원으로 해소하기 마련이다.

이런 사실을 식품 업체들이 모를 리 없다. 맛있는 것, 식사 시간을 즐겁게 만드는 것, 음식의 맛을 돋구어주는 것. 이것이 바로 식품 업체의 목표이다. 하지만 그 동안 그들의 아이디어는 자연의 한계를 너무 많이 넘어서 버렸다.

그럼에도 불구하고 지방은 줄이되 맛있는 음식을 조리할 수 있는 방법이 없는 것은 아니다. 다음에 소개할 날씬하게 만드는 음식과 뚱뚱하게 만드는 음식—젊음을 선사하는 식품과 노화를 촉진하는 식품이라고 불러도 좋을 것이다—을 창조적인 아이디어로 활용해 보면 어떨까? 동물성 지방을 줄이고 연어나 대구 같은 생선과 해조류, 갑각류의

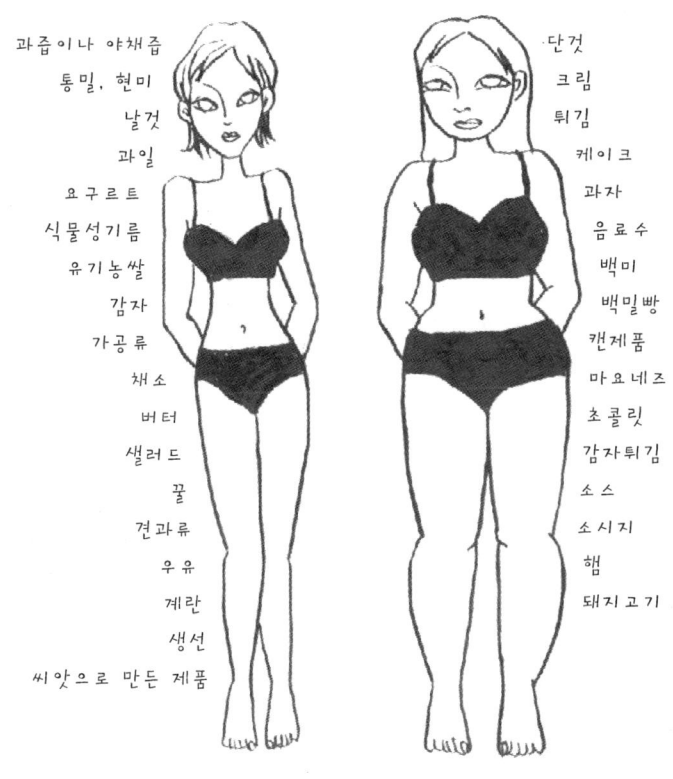

과즙이나 야채즙
통밀, 현미
날것
과일
요구르트
식물성기름
유기농쌀
감자
가공류
채소
버터
샐러드
꿀
견과류
우유
계란
생선
씨앗으로 만든 제품

단것
크림
튀김
케이크
과자
음료수
백미
백밀빵
캔제품
마요네즈
초콜릿
감자튀김
소스
소시지
햄
돼지고기

〈날씬하게 만드는 음식〉   〈뚱뚱하게 만드는 음식〉

섭취 비율을 늘려보자. 또 식물성 기름을 많이 섭취하자. 물론 그렇다고 해서 불포화 정도가 높은 지방의 섭취가 너무 지나쳐서는 안 될 것이다.

이런 노력을 기울이다 보면 여러분의 식탁은 영양소는 풍부하면서 칼로리는 적은 음식들로 가득하게 될 것이고, 여러분의 가족은 맛있으면서도 건강에 좋은 음식들에 기뻐할 것이며, 아이들은 엄마의 요리 솜씨를 뽐내고 다닐 것이다.

> 66 대부분의 사람들은 부지런히 저울에 올라가
> 다이어트의 결과를 확인하면서도
> 정작 뭘 먹어야 날씬해질 것인지를 깨닫지 못하고 있다. 99

살을 빼고 싶은 사람은, 그래서 날씬한 몸매를 만들고 싶은 사람은 충분한 탄수화물과 단백질을 먹어야 한다. 포화 지방은 섭취량을 줄이고 불포화 지방은 충분한 양을 섭취해야 한다.

> 66 자연이 만들어낸 모든 것은 날씬한 몸매를 만들어준다. 99

마이크로 영양소

　다행스럽게도 몇 십 년 전부터 생명 유지에 필수적인 이 영양소에 대한 인식이 눈에 띄게 변하였다. 비타민이 부족하면 생명이 위태로운 질병에 걸릴 수도 있다는 사실을 깨달은 것은 20세기 초반에 와서이다. 21세기가 시작된 지금 일부 의사들을 중심으로, 마이크로 영양소는 극히 적은 양만 부족해도 질병 증상을 유발할 수 있다는 사실을 깨닫기 시작했다.

　이처럼 마이크로 영양소의 중요성은 막대하지만 여기서 나는 지방 감소 프로그램의 범위 내에서만 이 주제를 다루어 볼까 한다. 사실 몇 페이지로 줄여 간단하게 설명하고 넘어갈 주제가 아니지만 복잡한 문제는 접어두고 우리의 주제와 관련된 부분만 짚고 넘어가자.

우선 현대 사회는 마이크로 영양소의 섭취를 가로막고 있다. 원인으로는 변화된 영농 방법과 거름, 화학 비료의 투입, 사육, 호르몬의 사용, 장기간의 수송과 보관을 용이하게 하기 위한 방사선 투사와 가스 소독, 가정 및 식당에서 시간 절약을 목적으로 사용하는 '변질된' 조리법 등을 꼽을 수 있겠다.

인간은 자신에게도 해로운 영향을 미칠 것이라는 사실을 고려하지 않은 채 환경을 무자비하게 파괴하였다. 그 결과 현대의 식물성 식품은 바람직한 정도의 활성 물질을 함유하지 못하고 있다.

방법은 단 하나뿐이다. 다시금 생명의 묘약이라 할 건강의 메신저들을 되살려내는 것이다. 하지만 칼로리를 줄이겠다고 식사량을 절반으로 줄이면 우리의 세포 속으로 들어오는 마이크로 영양소의 양도 절반으로 줄어들 수 있다. 따라서 칼로리 감소 프로그램에는 항상 영양 보충 식품이 동반되어야 한다.

이 단락을 읽고 당장 항의를 하는 독자들이 있을 것이다. "뭐야, 또 약이나 분말을 먹으라는 거야?" 너무 걱정하지 않아도 된다. 아주 간단한 예를 들어 여러분의 저항감을 줄여보도록 하겠다.

여러분도 잘 알다시피 오렌지에는 여러 가지 비타민이 많이 들어 있으며 특히 비타민 C의 함유량이 많다. 공장도 고속도로도 없는 열대 지방으로 휴가갔다가, 잘 익은 오렌지를 몇 개 발견하였다고 가정해보자. 오렌지를 짜서 즙을 마시고 남은 과육도 함께 먹는다. 과육 속에는 가치 있는 식물성 물질이 함유되어 있으니 말이다. 몇 주 동안 이 맛있고 영양가 많은 과일을 실컷 먹고 나니 대도시의 소음과 스트레스를 위해 남은 오렌지를 집으로 가져가고 싶다.

그래서 간단한 기술적 방법을 동원하여 수분을 제거한 다음 건조된 굳은 덩어리를 분말로 갈았다. 그리고 빛과 산소를 차단시키고 양분 손실을 막기 위해 봉지에 넣는다. 집에 도착한 후 그 분말을 매일 조금씩 덜어 물에 타 먹으면 원기를 주는 비타민과 무기질, 식물성 물질이 풍부한 에너지 드링크가 된다. 시간이 없어 물에 타지 못할 경우는 분말 상태 그대로 입에 털어넣어도 된다.

그래도 영양소는 소화 과정에서 물이나 다른 영양소와 섞여 혈액을 거쳐 세포 속으로 흡수될 것이기 때문이다. 그러면 여러분의 몸은 아주 행복해 하면서 열대 지방에서 보낸 아름다운 휴가 기간를 떠올리게 될 것이다.

천재적인 아이디어가 아닌가! 이미 실행에 옮긴 사람들이 있으니 우리는 그저 이런 제품들을 이용해 주기만 하면 그만이다.

영양 프로그램의 감초 - 비타민

영양 프로그램이라면 어디건 등장하는 또 하나의 중요한 영양소. 일반 상식으로 굳게 자리매김하였고 조금만 더 곰곰이 생각해 보면 그 중요성을 거듭 깨달을 수 있는 영양소. 바로 비타민이다.

백 년 전 인간은 처음으로 '아민(질소 결합물, 암모니아의 유도체)'이라는 물질을 발견하였다. 아민은 '생명(비아)'이라는 뜻이다. 시간이 가면서 사람들은 이 영양소의 결핍으로 인해 발생할 수 있는 질병을 속속 발견하게 되었고 이 영양소를 수용성(비타민 B군, 비타민 C)

과 지용성(비타민 A, D, E, K)으로 분류하였다. 그 이유는 비타민 B와 C는 오줌에 섞여 배출될 수 있기 때문에 과도한 섭취의 가능성이 없지만 지용성 비타민은 지방이 있어야만 장을 통해 흡수될 수 있기 때문이다.

우리는 비타민을 주로 과일, 채소, 샐러드, 곡류, 현미, 감자처럼 탄수화물이 풍부하게 함유된 음식을 통해 섭취한다. 그래서 식품을 구입할 때는 무엇보다 자연적인 외형에 신경을 써야 한다. 사람의 손이 덜 간 못생긴 사과가 그래니 스미스 같은 '디자인 사과' 보다 비타민 함유량이 5~10배에 달한다고 한다.

못생기고 흙이 많이 묻어 있으며 색깔이 강렬한(물론 색소를 쓰지 않았다는 전제하에서) 당근이, 모양이 일정하며 길이와 두께가 동일한 당근들보다 카로티노이드 함유량이 훨씬 많다. 당근 끝에 푸른색 잎사귀가 달려 있다면 더 좋겠다. 수확한 지 이틀이 지난 샐러드용 야채들은 탄수화물과 섬유질은 공급하겠지만 비타민 함유량은 적다. 그러니 모양은 예쁘지만 인공적으로 재배된 과일과 야채가 면역 체계를 강화시킬 수 있겠는가?

비타민과 2차 식물성 물질들은 소위 근본(基)을 붙잡는 사냥꾼이다. 산소의 작용을 통한 모든 생물학적인 연소 과정에서 생성되는 기의 방출을 막아주는 것이다. 산화 작용을 막아주는 인체 자체의 보호 메커니즘이 기의 일부를 막아주기는 하지만 자동차의 매연과 스트레스에 시달리는 열악한 환경 속에서 질병을 막아줄 수 있는 보호장치는 자꾸만 줄어들고 있다.

식물들도 이런 환경의 영향에서 예외가 아니기 때문에 식물을 섭취하여 과거와 같은 영양가를 얻을 수 있으리라고는 기대할 수 없는 상황이다. 하지만 껍질을 최대한 섭취하면 영양소의 손실을 조금이나마 줄일 수 있다. 껍질에는 식물을 보호하는 물질이 고농도로 농축되어 있기 때문에 인간에게도 유익하다.

때문에 식품을 구입할 때는 영양소가 풍부한 식품을 선택하고, 조리할 때는 영양소의 손실을 최대한 줄일 수 있는 방법을 연구해야 할 것이다. 야채는 80° 이상의 불에 가열하지 말 것이며, 가능하다면 특수강 식기를 사용하고, 야채에서 나온 즙은 버리지 말고 최대한 활용하여야 한다. 즙 속에는 건강의 메신저가 포함되어 있으니 말이다.

절대 필요한 미량 요소 - 무기질

무기질은 마이크로 무기질과 매크로 무기질로 나눌 수 있다. 마이크로 무기질은 흔히 미량 요소라고 알려져 있다. 칼륨, 칼슘, 나트륨, 염소, 마그네슘, 인산염과 같은 매크로 무기질은 오래 전에 발견되어 연구를 거친 영양소들로 신경 전달, 근육 수축 등의 신체 기능에 필수적이다.

칼슘이 부족하여 설사병에 걸리면 몸이 극도로 쇠약해져 결국 마비가 될 수도 있으며, 반대로 칼슘을 과다 섭취하게 되면 근육 경련을 일으킬 수 있다. 또한 심장의 리듬에 장애가 올 수도 있고, 장이 마비될 수도 있으며, 신장의 혈액 순환이나 배출에 장애가 올 수도 있다.

이처럼 무기질과 직, 간접적으로 연관된 질병은 그 숫자가 상당하며, 대부분이 급성이고 치료가 용이하다. 소금이 많이 들어가는 우리의 식단을 생각해 볼 때, 나트륨이 부족하여 생기는 질병들은 아닐 것이 분명하다. 다만 신체의 활동이 너무 심했을 경우 나트륨 부족 현상이 나타날 수도 있다.

몇 해 전만 해도 미량 요소의 중요성과 그것이 인체 내에서 담당하는 기능에 대한 인식이 부족했다. 그 이유는 자연에서는 이 영양소가 극히 미량으로 존재하며, 또 생명 유지에 필수적인 영양소이면서도 우리 세포가 필요로 하는 양이 극히 미량이기 때문일 것이다.

그렇기 때문에 부족 현상도 아주 서서히 나타나며 잠재되어 있는 경우가 대부분이다. 하지만 장기간의 결핍이 계속되면 비타민과 마찬가지로 면역 체계가 약해지거나 산소기*(산소자유기, oxygen free radical이라고도 하며 세포 손상 및 노화, 그리고 암의 원인이 되기도 한다 – 감수자주)를 방출시키는 등의 질병 증상이 나타난다.

산화를 방지하는 셀레늄의 효과는 연구가 많이 되어 있는 편이다. 하지만 특히 산성비로 인한 토양의 산성화로 인해 토양에 함유된 셀레늄의 양도 줄어들고 있다. 따라서 봄에 몇 번 식탁에 오르는 아스파라거스로는 연중 필요치를 다 채울 수 없다. 우리 병원을 찾아오는 환자들의 대부분이 혈액 검사를 해보면 셀레늄이 부족한 것으로 나타난다. 그래서 분말이나 알약 형태의 대용품을 복용할 경우 많은 질병들이 금방 사라지는 경우가 많다.

여성들은 월경과 출산, 부상 등으로 인한 혈액 손실이 많다. 적혈구는 철이 있어야만 형성될 수 있기 때문에 철 부족 현상이 나타날 경우 농축 제품을 복용해야 한다.

지방이 많은 사람들의 경우 크롬 결핍을 의심해 볼 수 있겠다. 크롬이 부족하면 인슐린 메커니즘의 장애로 인해 지방이 줄어들지 않는다. 다시 한 번 인슐린을 들먹이며 여러분의 머리를 복잡하게 만들고 싶지 않기 때문에 그냥 이렇게 생각하자. 크롬이 부족하면 우리 뇌의 에너지 저장 시스템이 지방을 방출시키지 않기 위해 온갖 조처를 취하게 된다고 말이다.

》 이제 여러분은 '절반만 먹어라' 라는 말이나 금식이 결코 날씬한 몸매를 만들어주지 않는다는 사실을 이해하였는가?

쾌적한 생활의 촉진제 - 섬유질

섬유질은 물을 끌어당기는 작용을 하며, 장운동을 촉진시키고, '필요 없는 음식 찌꺼기'를 신속하게 배출시키는 물질로 알려져 있다.

하지만 몇 년 전부터 학계는 이보다 더 중요한 섬유질의 기능을 발견하였다. 섬유질은 대장에 살면서 분비물인 지방산을 장 세포에게 넘겨주며, 대장 세포에 영양을 공급하는 수많은 박테리아의 영양소인 것이다. 따라서 대장 세포가 이물질이나 독, 알러지를 막아 질병 발생을 억제하도록 도와준다.

그러므로 대장의 신속한 배출은 섬유질의 부수 기능이며, 주 기능은 세포에게 영양을 공급하여 건강을 촉진시키는 것이다. 설사약을 먹어 장의 배출을 촉진하는 것은 일시적인 효과는 있을지 몰라도 건강에는

유익하지 못하다. 그런 의미에서 섬유질의 중요성은 아무리 강조해도 지나치지 않을 것이다.

또 하나, 섬유질은 대장 세포의 콜레스테롤 소비를 촉진한다. 콜레스테롤을 줄이려면 콜레스테롤이 함유된 식품을 적게 섭취하는 것도 중요하지만 섬유질을 더 많이 섭취하여 소비를 늘리는 것도 그에 못지 않게 중요하다.

다른 마이크로 영양소처럼 섬유질 역시 칼로리가 거의 없다. 그러므로 섬유질을 많이 섭취하여 소화 체계의 기능을 활성화시킴으로써 해로운 물질의 침입을 막아야 한다. 축구장 크기만한 장의 표면은 병원균이나 알러지, 유해 물질을 막아주는 기가 막힌 문지기이다.

슈퍼마켓에서 섬유질이 풍부한 식품을 구입하건, 자연 농축 제품으로 부족한 섬유질을 보충하건, 방법은 중요하지 않다. 어쨌든 섬유질이 건강에 유익하다는 것만은 명심해야 할 것이다. 충분한 섬유질을 섭취하고 약간의 인내를 갖고 기다리면 설사약이 없어도 쾌적하고 건강한 생활을 꾸려나갈 수 있을 것이다.

떠오르는 신예 영양소 - 2차 식물성 물질

이 그룹에는 비타민, 무기질, 섬유질을 제외한 모든 식물성 물질을 포함시킬 수 있겠다. 지금도 매일 새로운 물질이 발견되고 있는 상황이며, 아직까지 발견되지 않은 종류도 많다. 따라서 대다수가 바이오클라바노이드, 이소티오키아나트, 티오티오티온, 폴리페놀 같은 이국적인 이름을 달고 있다. 이들 물질은 식물에 함유되어 있으며 건강을 유지시키고 힘을 주며 생활을 즐겁게 만들어주고 능률을 높이며 정신적인 활력을 선사한다. 지방을 줄이고 싶다면 이 사실을 꼭 유념해야 할 것이다.

> 66 채소, 과일, 통밀, 현미, 국수, 감자 등
> 한마디로 말해 식물에서 얻은 자연 식품과
> 지방을 제거한 유제품, 육류, 생선 등
> 자연에서 추출한 영양 보충제를 섭취하면
> 칼로리를 줄이고 과도한 지방을 줄이며
> 건강한 생활을 유지할 수 있다. 99

물과 그 외 음료

"커피 한 잔 하러 가지!"

그렇게 말해주는 친구가 있다는 건 참 흐뭇한 일이다. 커피를 한 잔 마시면서 기분을 전환시키고 휴식을 취할 수 있으니 말이다. 대부분 그런 자리엔 담배 한 대와 군것질이 곁들여지기 마련이다.

간식으로 말이다!

이런 '간식'이 정신 건강에는 좋을지 몰라도 신체에는 유익하지가 않다. 정신에게도 신체에게도 골고루 유익한 일을 하고 싶다면 일정한 수준에서 타협을 해야 한다. 무슨 타협?

그렇다. 물, 미네랄 워터나 차를 마시자는 타협이다. 커피(칼로리를 함유하여 인슐린 생산을 자극하는 우유와 설탕을 첨가하지 않았다 하더라도)는 정신 건강의 차원에서만 허용할 수 있다. 커피에는 카페인과 고미소, 향료 등이 함유되어 있어 그 자체로 건강에 해롭기 때문이다. 그러므로 뚜렷한 목적 의식을 가지고 정도에 지나치지 않게*(설탕이나 우유를 넣지 않은 커피라 해도 하루 3잔은 넘지 말아야 한다 - 감수자주) 섭취하는 것. 그것이 무엇보다 중요할 것이다.

비만의 최고 치료제 - 물

날씬한 몸매를 만들어주는 최고의 치료제 중 하나가 물이다. 물은 신체 내에서 열이 생산될 때 약간의 가연물을 추가하여 칼로리 소비를 돕고 섬유질과 유독 물질의 배출을 돕는다. 특히 지방을 감소시키는 단계에서는 상당한 양의 분해 산물을 방출시켜 혈액 속으로 배출하며 신장의 여과 방출 과정을 신속하게 만들 수 있다.

물은 최고의 역사를 자랑하는 음료이며 인류를 수백만 년 동안 생존시켜 왔다. 대부분의 생명체는 갈증을 물을 통해 달랜다. 인간 역시 키와 땀 배출량에 따라 하루에 적어도 1.5~3 l 의 물을 섭취하여야 한다. 물론 과일이나 야채, 육류, 유제품 및 기타 음식에 포함된 수분도 여기에 포함된다.

물의 소비량은 우선 주변 환경의 온도와 습도에 따라 좌우된다. 건조하고 뜨거운 공기는 우리 몸에서 습기를 앗아가고 땀을 분비시킨다. 피부에 물을 뿌리면 열의 발산을 촉진하여 37°의 체온을 유지하는 데 도움이 된다(소위 기화 냉기가 발생한다). 하지만 땀을 흘리지 않고도 우리는 매일 몸무게당 약 10ml의 수분을 증발시킨다. 몸무게가 70kg

인 사람은 약 0.7 *l* 의 수분을 증발이나 호흡을 통해 방출하는 것이다. 추운 날 입에서 뿜어져 나오는 수증기를 생각해 보라. 개나 고양이 같은 동물은 온도가 높거나 심한 운동을 한 후 열을 발산하기 위해 헐떡거린다.

어떤 날 어떤 음료를?

파티에 가서 물을 달라고 주문하면서 수치스럽다고 생각할 필요는 없다. 요즘엔 여성들을 중심으로 술 대신 물을 마시는 사람들이 늘어나고 있다. 다른 음료를 시키면 어떻게 될까?

맥주나 포도주 같은 역사가 오래된 음료에서부터 과즙이나 과일 주스, 더 나아가 요즈음 유행하는 스포츠 음료나 탄산 음료에 이르기까지, 시장에 널려 있는 음료의 종류는 수를 헤아릴 수가 없을 정도이다. 우유나 과즙에 알코올을 섞은 롱 드링크나 칵테일 종류도 상당하다. 식욕 촉진 음료, 소화 촉진 음료 등 이름만 들어도 용도를 알 수 있는 신제품들도 많다.

이런 음료를 한 끼 정도 적정한 양으로 마신다면 식사도 즐거워지고 몸에도 나쁘지 않다. 맥주 한 잔, 좋은 포도주 한 잔의 기쁨을 모르는 사람이 어디 있겠는가?

이런 기쁨을 완전히 포기할 필요는 없다. 하지만 세 끼 식사 중 한 끼로 만족해야 한다. 이런 음료에는 대부분 백설탕이나 알코올 같은 '지방 공급원'이 함유되어 있기 때문이다.

> " 과식의 습관을 버렸다면,
> 이제부터는 내가 무엇을 마시고 있는가를 생각하라! "

이 자리에서 다시 한 번 여러분에게 과자나 칩, 음료수 등의 즉석 파티를 될 수 있는 한 피하라고 경고하고 싶다. 즉 먹는 것에만 신경을 쓸 것이 아니라 마시는 것에도 관심을 기울이라는 말이다. 과자와 음료수로 배를 채우는 나날들이 계속된다면 그 끝은 어디일 것이며, 며칠을 노력해야 과잉 섭취된 칼로리가 정상을 회복할 수 있을 것인지, 여러분 스스로 상상해 볼 수 있을 것이다.

칼로리가 없는 음료를 선택하려고 노력한다면 모든 것을 포기하지 않아도 영양 상태나 몸매에 긍정적인 효과가 나타날 것이다. 하루의 일정과 모임 계획을 고려하여 언제 무엇을 마실 것인지를 결정하자. 절대 우연이나 친구에게 맡겨서는 안 된다. 당신만이 당신의 몸매를 결정할 수 있다. 될 수 있는 대로 물을 마시자!

영양소는 업, 칼로리는 다운

그러므로 결론은 분명하다. 칼로리를 줄이되 마이크로 영양소는 필수적이다.

효소의 분비를 촉진하고 에너지를 생산하며 정신적인 능률을 높이는 것, 또 면역 체계를 강화하고 몸매를 가꾸고 호르몬을 생산하는 것은 마이크로 영양소의 기능 중 극히 일부에 불과하다. 이 영양소를 충분하게 섭취하지 않는다면 지방 감소가 정지 상태에 빠질 수도 있다. 칼로리를 줄이다 보면 더불어 마이크로 영양소의 섭취량까지 줄어들 위험이 높다. 자연에서 얻은 영양 보충 식품을 이용하면, 결핍된 마이크로 영양소를 보충할 수 있을 것이다.

비만과 관련 있는 질병

여러분도 알다시피 과도한 지방과 지나친 지방의 비축, 다시 말해 비만은 수많은 질병의 원인이다. 여기에서 이런 질병의 증상과 형태를 열거하고 상세하게 설명하려는 게 아니다. 여러분이 과도한 지방이 일으킬 수 있는 부작용을 깨닫고 그것을 방지하기 위해 적절한 조치를 취하도록 도와주는 것이 이 책의 목적이기 때문이다.

이 자리를 빌어 내가 특히 강조하고 싶은 것은, 소위 불치병일 경우에도 식사 습관의 변화나 생활 스타일의 변화가 치료를 지원해 줄 수 있다는 사실이다. 하지만 병이 생긴 후에, 병이 '불치'가 된 후에 변화를 꾀한다면 훨씬 많은 에너지와 시간을 낭비하게 된다. 병을 미리 막을 수 있다면 그것이 최선일 것이다.

사실 나는 불치병이란 없다고 생각한다. 이 세상에서 침술이나 신경 치유법, 단식, 분자 치료법, 유사 요법, 샤머니즘, 원시 부족의 치료법 등과 같은 방법으로 병을 치료하고 있는 한, 혹은 병이 저절로 낫는 사례를 목격할 수 있는 한, 불치병이란 존재하지 않는다.

정통 의학이 그 원인을 과학적으로 설명할 수 없을 뿐, 병은 치료될 수 있다. 때문에 건강에 유익한 영양 섭취에 힘쓰는 새로운 사고 모델이야말로 이 시대에 꼭 필요한 것이라 생각한다. 여러분이 이런 나의 생각에 동의해 준다면 나로서는 더 기쁜 일이 없을 것이다.

이런 이유에서 나는 적극적인 자세로 계획을 세워 건강 증진에 힘쓰고 질병을 예방해야만 하는 몇 가지 이유를 열거해 보기로 하겠다.

동맥에 콜레스테롤이 쌓여서

동맥에 콜레스테롤이 쌓이는 동맥경화는 중부 유럽에서 발생하는 치명적인 질병의 1차 원인으로 손꼽힌다. 심근 경색, 뇌출혈, 다리 혈관 협착, 신부전증은 혈관에 계속 쌓여가는 콜레스테롤과 직, 간접적으로 관련 있는 질병의 극히 일부에 불과하다. 모든 질병은 근본적으로 동일한 발생 메커니즘을 따르며, 그 과정에서 영양은 중요한 역할을 맡고 있다.

의학계의 연구 결과에 따르면 남부 유럽보다 북부 유럽의 심근 경색 발병률이 높다고 한다. 실제 위험 요인은 남부 유럽이 더 많은데도 말이다. 이유는 이탈리아와 그리스, 스페인 등의 남부 유럽 사람들은 신선한 야채와 과일을 많이 먹고 지방도 식물성 올리브유를 주로 사용한다. 반면 북부 유럽에서는 동물성 음식을 많이 먹으며 염분과 포화 지방의 섭취량도 많다.

에스키모들은 주로 생선을 먹고 산다. 생선에는 콜레스테롤을 줄이는 오메가 3 지방산이 많이 함유되어 있다. 때문에 에스키모들은 심근 경색을 거의 일으키지 않는다.

그러므로 영양 피라미드에 따라 식단을 선택하는 것이 건강한 생활의 전망을 더 밝게 만들어준다.

운동 좀 하시지

몇 십 년 동안의 연구 결과, 종양은 날씬하고 스포츠를 즐기는 활동적인 사람보다는 뚱뚱하고 운동을 싫어하는 사람들에게 자주 발병한다고 한다. 적당한 운동, 적절한 노동, 규칙적인 휴식, 건강한 식생활은 면역 체계를 강화하고 이를 통해 감염이나 종양을 막아준다. 그런 악성 종양의 대표적인 예가 유방암과 대장암이다.

인슐린이 부족해서

당뇨병의 초기 형태(제1형)는 면역 결핍이 원인이지만 성인형 당뇨병(제2형)은 대부분 비만인 사람에게서 나타난다.

당뇨병이 아직 초기 단계인 경우는 의식적인 지방 감소를 통해 치유될 가능성이 높다. 환자가 전혀 약을 먹지 않아도 될 정도로 회복되는 경우도 있다. 하지만 인슐린 주사를 맞아야 하는 진전된 단계에 오면 다이어트만으로는 치료가 힘들어진다. 당뇨병은 진전되면 주변 혈관의 혈액 순환 장애(모세혈관 질환), 장기의 기능 장애(눈/실명, 신장/투석, 뇌/성격 변화, 기억력 상실, 신경/통증, 감각 장애)와 다리 및 팔의 혈관 폐색증을 유발한다.

혈압 한번 재볼까요

고혈압은 성인형 당뇨병과 비슷한 원인으로 발병한다. 혈액 내 인슐린 양이 지속적으로 증가하면, 아드레날린의 수치가 높아지고 혈관의 저항이 강화되고 압력의 증가와 더불어 심장의 펌프 동작이 잦아진다. 이런 경우에도 시간이 가면서 콜레스테롤이 혈관 벽에 쌓여 심근 경색이나 뇌출혈을 일으킨다.

걷기가 힘드십니까

비만으로 인해 관절에 무리가 가고 활동이 자유롭지 못하게 되면 동작 부위의 마모도가 높아진다. 척추나 엉덩이, 무릎 관절의 통증이 심해지면 관절간판을 제거하거나 인공 관절을 이식하는 등의 수술을 하는 상황에 이르기도 한다. 이는 사회 전체에도 부담이 될 뿐만 아니라 남은 인생을 건강하게 살 수 있는 최종 해결책도 아니다. 따라서 관절에 무리가 가기 전에 과도한 몸무게를 감소시키는 것이 보다 현명한 방법일 것이다.

비만인 사람은 사고의 위험도 높다. 정상적인 사람들보다 부상의 정도도 심하고 치료 가능성도 극히 제한되며 결과도 더 나쁘다.

특히 복부 외과의 경우 조건이 더욱 열악하다는 건 너무나 잘 알려진 사실이다. 그러므로 나는 비만인 환자들에게 의학의 뒷받침을 받는 영양 프로그램을 적극 권하고 있다. 정맥류 환자인 경우에도 수술보다는 지방 감소를 적극 권장하여, 원치 않는 복잡한 절차를 피하고 수술로 인한 사회 활동의 중지를 막는 것이 일차적인 순서일 것이다.

영양 섭취의 두 가지 원칙

날씬해지려면, 그리고 그 날씬함을 유지하려면 무엇보다 생각을 바꾸고 식사 리듬 및 식사 종류를 변화시켜야 한다.

물론 이런 일이 말처럼 쉬운 건 아니다. 가족 중에 학교에 다니는 자녀가 있으면 식사 시간을 제 때에 지키지 못할 수도 있고, 또 직장인들은 회식이다 뭐다 해서 외식하는 경우가 잦다.

그러므로 최대한의 정신력을 발휘하고 만일의 경우를 대비해야만 변화의 시기를 무사히 넘길 수 있다. 시작 단계에서는 특히 이런 예기치 않은 일정으로 과거의 습성이 되돌아올 위험이 크기 때문이다.

식사의 리듬을 지킬 것

여러분도 "적은 양을 자주 먹는 것이 몸에 좋다"고 믿고 있었을 것이다. 사실 대부분의 사람들은 그렇게 알고 있다. 하지만 그 동안 여러분은 이 책을 통해 인슐린과 지방 연소의 관계를 알게 되었고, 샐러리맨의 칼로리 소비량이 육체 노동을 하는 사람이나 프로 운동 선수들보다 훨씬 적다는 사실도 알게 되었을 것이다.

또한 맛있는 음식이나 음료로 여러분의 입을 즐겁게 해주기 위해 불철주야 노고를 아끼지 않는 식품 업체와 식품상, 음식점 및 호텔 주인들의 노력도 이해하였을 것이다.

그러므로 여러분들이 미식의 즐거움을 하루 세 끼의 식사로 집중할 수 있다면, 그리고 광고나 초대의 유혹을 거절할 수 있다면 성공의 첫걸음은 떼어놓은 셈이다.

아마 여러분은 이렇게 생각할 것이다. "그렇게 간단하다면야 못할 게 없지." 여러분의 생각이 맞다. 여러분은 몇 년에 걸쳐, 아니 몇 십 년에 걸쳐 나쁜 습관에 길들여졌고, 이제 그 습관을 바꾸어야 한다. 이 자리에 제일 잘 어울릴 것 같은 속담 하나를 소개할까 한다.

> 66 *한 번도 가져보지 못한 것을 가지고 싶다면,*
> *한 번도 해보지 않은 일을 해야 한다.* 99

살이 찌고 싶거나 살이 빠지고 싶은 사람에게도 이 속담의 교훈은 유용할 것이다. 촛불을 켜놓고 포도주 한 잔을 들고 감미로운 음악을 들으며 진지하게 자신에게 물어보라. 내가 진정으로 원하는지.

음식을 선별해서 먹을 것

물론 여러분은 성공하고 싶을 것이다. 그렇지 않다면 이 책을 샀을 리가 없을 테니 말이다. 그것으로 이미 여러분은 옳은 결정을 내렸다. 그리고 성공은 멀지 않을 것이다.

우선 배우려는 자세가 중요하다. 어떤 식품에 어떤 영양소가 들어 있는지를 계속 공부하면서 식품을 고를 때 항상 유념하고 그에 따른 요리법을 배워야 한다. 부엌을 사랑하고 즐거운 마음으로 식사를 준비하자. 직접 만든 음식으로 내 몸에게 멋진 선물을 줄 수 있다는 사실을 늘 생각하고, 그리고 기뻐하자.

성공은 철저한 계획이 있어야만 가능하다. 내일 먹을 식사를 오늘 계획하자. "그러지 말았어야 했는데……." 하고 내일 깨닫는 것도 나쁘지는 않지만, 변화는 항상 오늘 준비하는 것이다. 늦어도 내일에는 습관을 바꾸어야 하고 그러자면 그 계획을 오늘 세워야 하는 것이다.

한 가지 더 여러분에게 하고 싶은 말이 있다. 이 세상에 속죄해야 할 죄는 없다. 누구한테 고해성사를 해야 한단 말인가? 여러분의 인생은 여러분의 책임이며, 여러분이 저지른 행동도 여러분의 책임이다. 스스로 정한 게임 규칙을 위반했는가? 계획을 지키지 않았는가? 안타까운 일이지만 설사 그렇다 해도 그건 여러분이 내린 결정이다. 여러분의 행동으로 인해 다른 사람이 날씬해지거나 뚱뚱해지는 것이 아니다. 그 행동의 결과는 오로지 여러분에게만 영향을 줄 수 있다.

앞에서 설명한 영양 피라미드와 'BCM-ECM-지방' 피라미드를 떠올려 보자. 포만감을 느끼기 위해 탄수화물을, 맛을 즐기기 위해 단백질을, 맛을 돋구기 위해 지방을 섭취할 수 있다. 탄수화물과 단백질에는 지방의 절반에 해당하는 칼로리가 함유되어 있다. 통밀이나 현미, 감자나 채소, 샐러드, 과일은 비만을 유발하지 않는다. 뚱뚱하게 만드는 건 햄과 치즈, 감자 튀김이나 훈제 식품, 인스턴트 식품과 캔 제품, 백설탕과 백밀빵, 콜라나 맥주, 포도주이다.

물론 일생 동안 이런 식품들을 전혀 먹지 말라는 말은 아니다. 다만 적당한 양을 소비하는 법을 배우라는 말이다. 하지만 잊지 말아야 한다. 이런 식품들은 일단 한 번 먹기 시작하면 섭취량이 점점 늘어나는 특성이 있다. 또 한 가지 유념해야 할 사실은 식사 습관은 변한다는 것이다. 옛날에는 좋아했는데 이상하게 맛이 없거나 먹고 싶지 않은 음식이 있기 마련이다. 그러니 희망을 잃지 말자.

지방을 성공적으로 줄이는 법

　이제 여러분은 기대에 찬 마음으로, 내가 과연 어떤 기적의 해결책을 내놓을지 궁금해 하고 있을 것이다.

　여러분을 실망시켜 드리기 전에 한 가지만 더 말하고 싶다. 이 세상에 기적의 해결책이란 없다. 다만 "이렇게 하면 좋지 않을까" 라는 제안이 있을 뿐이다. 물론 그런 제안을 그대로 따른다고 다 해결이 되는 것도 아니다. 여러분이 직접 자기의 몸에 맞게 재단을 하여 자기 몸에 꼭 맞는 해결책을 만들어내어야 하는 것이다.

　때문에 나의 영양 프로그램은 신문의 광고란을 메우는 다이어트 비법이 아니다. 나는 여러분에게 '소프트웨어'를 제공하고자 할 뿐이다. 소프트웨어의 활용 여부는 여러분에게 달려 있다.

성공은 하늘에서 떨어지는 것이 아니다. 눈을 감고도 연주를 하는 피아니스트나 올림픽 금메달리스트는 그 자리를 얻기 위해 피나는 노력을 했다. 그러므로 어떤 것이 여러분 개인의 문제이며 그로부터 나온 여러분만의 해결책은 과연 무엇인지, 그걸 파악하는 데에도 상당한 시간이 걸릴 것이다.

"내 문제는 내가 제일 잘 알지." 이렇게 큰소리를 치는 분들에게 나는 이렇게 되묻고 싶다. 문제를 그렇게 잘 아는데 왜 여태 해결책을 못 찾았냐고. 피아니스트와 금메달리스트는 그들이 원하는 지점에 이미 도착한 사람들이다. 그 이유는 나름대로 문제와 해결책을 찾았고 그것을 철저하게 지켜왔기 때문이다.

기적의 다이어트법?

지방 감소 프로그램은 일단 현재와 동일한 생활 리듬을 유지하도록 해주어야 한다. 가장 바람직한 경우 이렇게 말할 수도 있을 것이다. "지금까지 하던 방식대로 그대로 하면 돼." 물론 그렇게 간단하지는 않을 테지만 적어도 가족이나 직장, 사회 생활에 무리가 없도록 식사 리듬과 식사 종류를 선택할 수 있어야 한다.

해외로 출장을 가거나 휴가를 가서도 문제 없이 프로그램을 실천에 옮길 수 있어야 한다. 가정 대소사나 명절, 회식에도 빠짐없이 참가할 수 있어야 한다. 그리고 필요한 식품을 언제 어디서나 구입할 수 있어야 한다. 약간 능란한 솜씨를 발휘한다면, 주변 사람들이 아무도 식사 습관의 변화를 도모하고 있다는 사실을 눈치채지 못할 정도여야 한다.

97

또 작업 능률을 전과 다름없이 유지시켜 주어야 한다. 우리 프로그램에 참가했던 많은 사람들은 2~3주가 지난 후에도 능률이 전혀 떨어지지 않았다고 말했다. 작업 능률이 더 높아졌다고 말하는 사람들도 있었다. 또 기존에 하던 운동도 그대로 계속할 수 있어야 한다. 이런 조건이 완벽하게 구비되어야 프로그램이 몇 주, 몇 달에 걸쳐 전혀 문제 없이 진행될 수 있기 때문이다.

더 나아가 활력과 건강을 증진시켜 주어야 할 것이며, 더불어 객관적인 건강 지표들을 개선시켜 주어야 할 것이다. 참가자들은 몸이 가벼워지고 계단을 오르내리는 것이 훨씬 수월해졌다고 했다. 감기 같은 유행성 질병에 걸리는 횟수도 훨씬 줄어들었다고 했다. 등이나 관절의 통증도 많이 좋아졌고 배변 조절을 통해 알러지 감염율도 낮아졌다고 했다. 또 콜레스테롤과 트리글리세린, 혈당과 인슐린 수치도 기준치에 가까워졌다고 했다. 실제로 우리가 환자들을 대상으로 직접 목격한 사실들이다.

외모를 개선하고 주변의 인정을 받고, 활기찬 직장생활과 가족의 화목을 도모한다는 원래의 목적이 모두 달성되었던 것이다.

사실 이런 구체적인 목표가 있어야 끈기 있게 프로그램을 따라갈 수 있는 법이다.

> 66 *다른 사람에게 바라는 바를*
> *내가 먼저 솔선수범하여 실행하여야 한다.* 99

이런 생각으로 우리의 프로그램을 실행에 옮겨보자. 여러분도 머지 않아 날씬한 몸매를 자랑할 날이 올 것이다.

이 다이어트에 성공하려면

이 프로그램에 참가하고자 하는 사람들은 우선 성공 전략의 기초이 자 프로그램 진행의 전제 조건이라 할 기본 정보를 반드시 알고 넘어 가야 한다.

대략적이나마 여러분이 무언가 새로운 것을 배워, 그를 통해 새로운 인생을 시작할 수 있다는 사실을 깨달아야 한다. 저울이 여러분의 사 고를 잘못된 방향으로 인도하고 있다는 사실을, 식품 업체들이 제공하 는 식품이 전부 날씬한 몸매를 만들어주는 것은 아니라는 사실을, 그 리고 여러분의 현재 일상 생활이 아름다운 몸매에 유익하지 않다는 사 실을 깨달아야 할 것이며, 내일부터 당장 성공의 길을 개척해 나갈 수 있다는 사실을 가슴 깊이 새겨야 할 것이다.

지방을 줄이는 것이 어려운 일이 아니라는 사실을 되새기고 매일 프 로그램을 그대로 따른다면, 성공은 눈앞에 있다는 사실을 명심하자.

자, 이제 시작해 보자.

슬슬 시작해 볼까

출발 단계의 기간은 이틀이다. 이 기간 동안 여러분은 지금까지 과 도하게 섭취하였던 설탕이나 소금, 지방의 양을 줄여야 한다. 그를 위 해 칼로리를 줄인 탄수화물과 단백질, 지방을 분말 형태로 물에 타서

섭취한다. 그렇게 하면 탄수화물의 저장량이 줄어들 것이고 인슐린량
도 낮은 수치를 기록하게 될 것이다. 몸도 가벼워진다. 사실 이틀이라
는 시간은 금방 지나간다. 물론 이 이틀 동안, 밤에 냉장고를 뒤져 남
은 음식을 쓸어 먹거나 외식하는 일은 피해야 한다.

드디어 줄었다!

사실, 비만인 사람들 중에서 이런 식의 다이어트를 한 번도 안 해본
사람은 없을 것이다. 이틀에서 많게는 몇 주 만에 금방 살을 빼준다는
각종 처방전을 신주모시듯 떠받들면서 허기와 싸워보지 않은 사람이
없을 것이다. 당장이라도 모든 것을 포기하고 싶고 눈앞에는 온갖 음
식들이 둥둥 떠다닌다.

여러분도 분명 그런 경험이 있을 것이다. 그런 다이어트 비법 중에
서 한번 더 시도해 보고 싶은 것이 있는가? 혹시라도 성공을 안겨준 비
법이 있었는가? 아마 없을 것이다. 여러분은 대부분 수도 없이 다이어
트를 했을 것이고, 또 수도 없이 좌절하였을 것이다.

하지만 하루 한 번 아주 훌륭한 식사를 할 수 있다면 어떻겠는가? 탄
수화물과 단백질이 충분하고 양은 적지만 양질의 지방으로 채워진 풍
성한 식사를 할 수 있다면? 통밀빵 한두 조각에 야채를 에피타이저로
먹은 후 마늘과 올리브유가 들어간 스파게티 약간으로 입맛을 돋구고,
주식으로는 연어 한 조각과 밥, 샐러드, 후식으로는 과일 요구르트와
카푸치노 한 잔. 군침이 돌지 않는가?

식성이 다른 사람이라면 자기 식성에 맞는 음식을 골라도 좋다. 마

음껏 상상의 나래를 펴도 좋다. 다만 한 가지, 앞에서 살펴본 영양 피라미드를 잊어서는 안 된다.

이 단계*(이 단계는 개인마다 기간이 달라진다. 보통 8~12주 동안 실시하며, 체중을 주당 1kg 이상 급격히 줄이는 것은 금물이다 - 감수자주)에서 중요한 것은 하루 한 끼의 성찬을, 영양소는 풍부하고 칼로리는 적은 음식으로 채울 수 있어야 한다는 것이다.

나머지 두 끼는 영양 보충제로 해결한다. 단백질과 비타민, 미량요소 등이 풍부한 영양 보충제를 단백질이 풍부한 탈지 유제품과 혼합하여 먹는 것이다. 우유, 요구르트 등 입맛에 맞는 유제품을 번갈아가면서 사용하면 물리지 않아 좋다. 유제품은 지방 함유량이 1.5% 이하인 제품이어야 하며, 과일(칼로리!)이 혼합되지 않은 것을 선택해야 한다. 유제품은 세계 어느 곳을 가나 쉽게 구입할 수 있기 때문에 해외 출장이나 휴가를 가더라도 프로그램을 중단할 필요가 없다.

풍부한 아이디어를 마음껏 뽐내며 매일 새로운 방식으로 새로운 식사를 만들어 보라. 계피나 카카오, 커피, 후추, 고추, 커리, 마늘, 파슬리 등의 향신료를 유제품에 섞어 먹는 것도 한 방법일 수 있다. 우유 대신 칼로리가 없는 다른 음료나 물을 사용할 수도 있지만, 이럴 경우

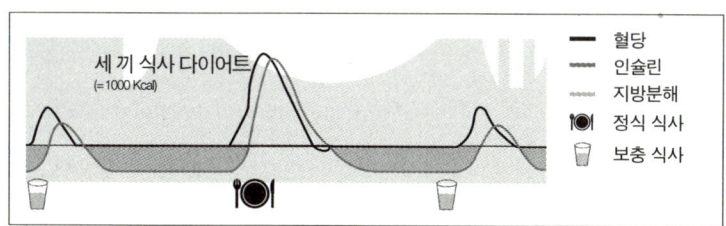

근육을 지탱하고 근육을 형성하는 우유 단백질(동물성 단백질)이 없다는 사실을 유념하자.

식사의 간격은 4~6시간이다. 한 끼의 정식 식사를 언제 하느냐는 개인의 선택이다. 대부분의 사람들은 점심과 저녁을 선호한다.

점심이건 저녁이건 중요한 것은 하루 한 끼만 '왕처럼' 식사를 한다는 것이다. 이제 여러분은 내게 강력하게 항의를 할 것이다. 저녁 식사량은 최소화하는 것이 좋다는 것이 일반 상식이기 때문이다. 틀린 말은 아니다. 하지만 여러분의 현실을 한번 생각해 보라. 시간에 쫓기는 현대인이 과연 이런 충고를 제대로 지킬 수가 있는가? 몸이 날씬하냐 뚱뚱하냐는 별개의 문제다.

여러분이 만일 스키를 배운다고 할 경우, 처음부터 당장 월드컵 경기 코스를 달릴 수는 없다. 일단 평지에서 시작을 해야 한다. 이건 스키를 한 번도 타보지 않은 사람이라도 알 수 있는 지극히 상식적인 사실이다.

그래서 나는 여러분에게 보다 실천 가능성이 높은 방안을 제시하려는 것이다. 첫날부터 당장 실행에 옮길 수 있고 그렇기 때문에 성공의 확률도 높은 그런 방안 말이다. 시작이 순조로워야 다음 단계로 나아갈 용기와 힘이 생기는 법이다.

이 단계의 목적은 필수 영양소의 하루 섭취량은 유지하면서(평소보다 늘려도 좋다) 동시에 칼로리 섭취량은 평소의 절반으로 줄이는 것이다. 그렇게 되면 신체의 기능은 정상적으로 작동하면서 저장된 칼로리 소비는 극대화된다.

다만 내가 부탁하고 싶은 것은 영양 보충제를 다이어트 제품으로 생각하지 말라는 것이다. 앞에서도 이미 설명했듯이 내가 제안하는 프로그램은 다음의 순서에 기초를 두고 있기 때문이다.

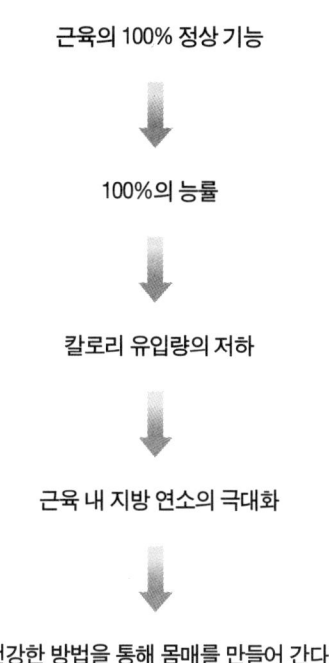

근육의 100% 정상 기능

100%의 능률

칼로리 유입량의 저하

근육 내 지방 연소의 극대화

건강한 방법을 통해 몸매를 만들어 간다!

그럴 듯하지 않은가?

이외에도 물이나 설탕을 첨가하지 않은 차를 하루 종일 마셔야 한다. 아침에 커피를 안 마시면 정신을 차릴 수가 없어서 일을 할 수가 없다고 생각하는 사람이라면, 커피 대신 차 한잔에 영양 보충제를 타거나 필요한 경우 탈지 우유를 첨가하여 마셔보라. 유제품에 바로 영양 보충제를 혼합하여도 좋다. 그런 다음 4~6시간 간격으로 앞에서 설명한 세 끼 식사를 한다. 이 기간에는 칼로리가 들어간 음료를 절대 마셔서는 안 된다. 그리고 이 기간 동안 여러분의 근육이 지방의 창고에서 저장된 지방을 조금씩 꺼내어 이것을 분해하고 있다고 즐겁게 상상하자. 시간이 흐를수록 여러분은 날씬해지고 있다. 일을 하고 있는 동안에도 잠을 자고 있는 동안에도 여러분은 자꾸만 날씬해지고 있다. 영양제를 먹건 '왕처럼' 식사를 하건 다섯 시간 후면 다시 식사 생각을 시작할 수 있다. 이 어찌 즐겁지 않은가!

정식 식사 시간은 포도주 한 잔이나 맥주 한 잔, 과즙이나 기타 여러분이 좋아하는 음료를 마시고 싶은 시간으로 택하는 것이 좋다. 나는 여러분한테서 인생의 즐거움을 빼앗고 싶지 않다. 알코올이 한 방울도 안 들어간 음료나 과즙, 물만 마시고 살라고 강요하고 싶지도 않다. 사실 적포도주는 적당량을 마실 경우(작은 잔으로 하루 1~2잔) 건강을 증진시킨다는 연구 결과도 나와 있다.

건강한 정신에 건강한 몸이라는 말도 있지 않은가. 하루 한끼의 성찬과 한 잔의 술을 마음껏 즐긴 후에는 즐거운 마음으로 내일을 기대하자. 여러분은 내일 또 이런 행복한 체험을 할 수 있다. 한 끼의 행복을 음미하면서도 매주 1kg의 지방이 몸에서 빠져나간다니, 이보다 더 좋은 방법이 어디 있겠는가.

이제 여러분은 이런 질문을 할 것이다.

"얼마나 계속 그렇게 해야 하나요?"

나는 이렇게 되묻고 싶다. 어떤 몸매를 원하는가? 그것 역시 여러분의 선택이다. 매일 거울을 보면서 날씬해져 가는 몸매에 감탄을 하자. 커서 못 입게 된 옷을 바라보면서 미소지어도 좋다.

대답은 여러분들이 더 잘 알 것이다. 내 몸매가 더 날씬해지면 좋겠다고 생각한다면 이런 식의 식사법을 계속할 것이고, 언젠가는 여러분이 원하던 몸매를 얻게 될 것이다. 이 방법이 지방을 감소시키는 가장 손쉬운 방법이라는 것을 나는 여러분에게 약속할 수 있다. 매일 한 끼의 성찬을 즐기면서도 효과를 직접 눈으로 확인할 수 있기 때문이다.

어디, 완성시켜 볼까

다음 단계는 소위 완성 단계이다. 나는 이 단계를 안정화 단계라고도 부른다. 이 단계 동안 여러분은 두 끼의 정식 식사를 할 수 있다. 여러분은 이미 감소 단계를 거쳤기 때문에 이 단계는 전혀 어려움 없이 견딜 수 있을 것이다. 하지만 아직 한 끼는 보충 영양제를 섭취하면서 과도한 칼로리 축적을 막아야 한다.

이 단계에서는 식사 리듬을 엄격하게 지키고 영양 권장량을 넘지 않도록 주의하는 것이 중요하다. 지금까지 여러분은 식품을 구입하고 요리를 하고 음식점에서 메뉴를 선택하고 포장마차나 카페를 지나치면서 많은 것을 느끼고 배웠을 것이다.

여러분의 잠재 의식도 "날씬해지려면 많이 먹고 뚱뚱해지려면 적게 먹어라"라는 새로운 구호를 이해하였을 것이므로, 나는 이제 여러분을 올바른 길로 안내할 것이다. 물론 감소 단계 동안 마음속의 방해꾼(나중에 더 자세히 설명하도록 하겠다)을 이기는 법을 확실하게 연습하였다는 전제 조건에서 말이다.

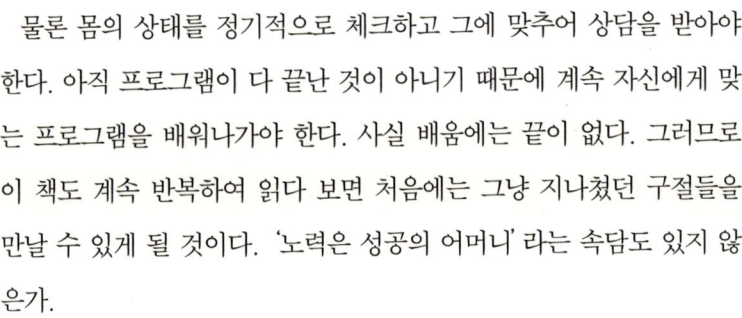

날씬해지려면 많이 먹고 뚱뚱해지려면 적게 먹어라!

이 단계에서도 물이나 차(설탕을 가미하지 않은)를 마시는 것이 좋고, 식사 시간에는 칼로리가 적거나 알코올 함량이 낮은 음료를 선택해야 한다. 물은 되도록 많이 마시자. 기억하는가? 물은 날씬한 몸매를 선사하고 유지시켜 준다는 것을.

물론 몸의 상태를 정기적으로 체크하고 그에 맞추어 상담을 받아야 한다. 아직 프로그램이 다 끝난 것이 아니기 때문에 계속 자신에게 맞는 프로그램을 배워나가야 한다. 사실 배움에는 끝이 없다. 그러므로 이 책도 계속 반복하여 읽다 보면 처음에는 그냥 지나쳤던 구절들을 만날 수 있게 될 것이다. '노력은 성공의 어머니'라는 속담도 있지 않은가.

프로그램을 제대로 실천에 옮긴다면 이 단계에서도 아주 조금씩 지방이 감소할 것이다.

이런 완성 단계는 감소 단계를 몇 주*(평균 8~12주 동안 저칼로리 식사를 하게 되며, 체중이 감소할수록 그 다음 체중 감소는 더디 일어난다는 사실을 알아야 한다 - 감수자주) 거치면서 10kg이 빠졌을 경우, 감소 단계의 중간에 '숨돌리는 여가' 차원에서 끼워넣을 수도 있다.

특히 휴가 기간 중 이런 방법을 사용하면 휴가 분위기의 유혹을 별무리 없이 이겨낼 수 있을 것이다. 휴가는 사고를 새로운 방향으로 전환하고 직장의 스트레스에서 해방되어 생활 방식을 개선할 수 있는 더 없이 좋은 기회다. 그런 깨달음을 통해 여러분은 앞으로 한 발자국 더 나아갈 수 있을 것이다. 휴가는 장애물이 아니라 새로운 식사 습관을 만들어나갈 수 있는 값진 기회인 것이다.

감소 단계를 다시 시작하는 시점은 각자의 선택이다. 바이오 임피던스 분석이나 조언을 해주는 전문가가 여러분의 곁에서 도움이 되어 줄 것이다. 적어도 2주에 한 번씩은 체크를 받아 자신감과 힘, 그리고 동기를 얻도록 하자.

> ❝ 지방 줄이는 법을 제대로 배우면 몸매 관리는 어렵지 않다. ❞

요요 현상? 노 땡큐!

다음 단계는 소위 유지 단계이다.

이제부터 여러분은 영양 보충제를 섭취하지 않아도 날씬한 몸매를 유지할 수 있다. 다만, 세 끼 식사가 과도한 지방 덩어리가 되지 않도록 메뉴 선택에 늘 신중을 기해야 한다. 하지만 미식의 즐거움을 마음껏 누리면서 기쁜 마음으로 생활할 수 있을 것이다.

> ❝ 식사의 뉘앙스를 바꾸어 가면서…… ❞

여러분은 인생을 새로운 눈으로 보게 될 것이고 여러분의 건강을 위협하는 외부의 영향에 크게 동요되지 않을 것이며 자녀나 친구, 동료,

나아가 사회의 모범이 될 수 있을 것이다. 주변 사람들은 여러분을 지켜보면서 여러분의 변화 과정을 확인하였기에, 이제 자신들도 보다 건강하고 적극적이며 충족된 인생을 찾겠노라고 결심하게 될 것이다. 그리고 여러분이 걸었던 길을 따라 걸으며 새로운 인생을 선사해 준 여러분에게 감사와 존경심을 표하게 될 것이다.

이 단계 역시 한 달에 한 번씩 전문가를 찾아가 몸 상태를 체크해 보아야 한다. 시간이 좀더 지나면 프로 운동 선수들처럼 가끔씩만 체크해도 좋다. 이제 여러분은 전문가가 되었다. 하지만 여기서 멈추지 말고 건강하고 활동적인 생활을 유지할 수 있는 각종 정보를 끊임없이 섭렵하고 배우는 자세를 잃지 말아야 할 것이다.

> 66 배우지 않는 사람은 멈춰 선다.
> 멈춰 선 사람은 다른 사람에게 추월당한다. 99

정신과 영혼을 지배하라

몇 가지 일러둘 사항

꼼꼼한 독자라면 벌써 눈치를 챘을 것이다. 지금까지 나는 거듭하여 사고의 힘과 의식 및 잠재 의식의 중요성을 거듭 지적해 왔다. 우리의 프로그램이 기존 다이어트법과 다른 점도 바로 여기에 있다.

때문에 구체적인 영양 프로그램도 바로 이 지점에서 시작된다. 지금까지 여러분이 성공하지 못했던 것은 사고를 바꾸지 않았기 때문이다. 사고를 바꾸지 않으면 잠시 날씬해질 수는 있었겠지만 금방 과거의 습성에 다시 물들어 버리고 만다. 무언가를 달성하려면 먼저 사고를 바꾸어야 한다. 그래야 뒤탈이 없다. 물론 생각을 바꾼다는 것이 말처럼 쉬운 일은 아니지만 목표를 철저하게 추구하다 보면 시간이 흐르면서

109

그렇게 어려운 일만도 아니라는 사실을 깨닫게 될 것이다.

어린아이들이 뚱뚱한 어른들처럼 생각한다면 절대 걸음마를 배우지 못할 것이다. 아이들은 무의식 속에 걸음마 학습법을 저장한다. 그래서 넘어지면 일어서고 또 넘어지면 또 다시 일어서면서 지치지 않고 계속 걸음을 뗀다. 어떻게 보면 아이들에게는 주변의 도움도 적지 않다. 엄마, 아빠, 언니, 오빠, 할머니, 할아버지, 친구들, 심지어 지나가는 낯선 사람들까지도 그들에게 용기를 북돋아준다.

그렇다고 "나는 우리 아이한테 열심히 응원을 해주지 못했는데……" 하고 걱정할 필요는 없다. 아이들은 격려해 주는 사람이 없어도 어른처럼 행동하려는 노력을 절대 포기하지 않는다. 걸어다닐 수 있는 모든 사람이 아이들의 모델이기 때문이다.

이런 예를 비만 성인에게 적용한다면, 성인들이 잠재 의식 속에 멋진 몸매를 갖고 싶다는 꿈을 심는 한, 언젠가 그 꿈은 실현될 수 있다는 뜻이 되겠다. 나쁜 버릇이 든 우리의 뇌에게 좋은 버릇을 길러주기만 하면 되는 것이다. 아무리 새로운 프로그램도 오랜 동안 실행에 옮기다 보면 자신도 모르는 사이 몸에 밴 습관이 될 것이다.

다시 말해 우리의 잠재 의식이 저절로 그 프로그램을 실천에 옮기게 될 것이다. 그 과정에서 전문가나 가족, 친구들의 격려가 있다면 더더욱 좋을 것이다. 아이들은 걸음마를 배우고 비만인 성인들은 다른 식사법을 배운다. 확신을 가지자. 여러분은 할 수 있다!

우선 여러분에게 여러분의 문제점(과도한 지방)과 그 해결책(날씬한 몸매)의 관계에 대한 이해를 위해 몇 가지를 지적하고자 한다.

요요 현상과 좌절감

많은 사람들이 내게 질문을 한다. 기존 다이어트법이 왜 단기간의 효과밖에는 낼 수가 없는지, 왜 결국에는 더 뚱뚱하게 만드는지. 대답은 간단하다. 기존 다이어트법이 원인을 제거하지 못하기 때문이다.

그 과정을 한번 차례차례 설명해 보자. 여러분은 아직 젊고 큰 근심거리도 없고 날씬하고 매력적이다. 지나가는 사람들이 당신을 쳐다보며 부러운 눈길을 보낸다.

그 후 몇 년 동안 여러분은 직장을 잡았고, 예상치 못한 새로운 환경에 적응하려 노력하였고, 가정을 이루었으며, 의무의 숫자가 날로 늘어나고, 각종 생활 문제를 해결해야 했다. 남성이건 여성이건, 집 밖으로 나가 과일을 따고 곰을 때려 잡아 가족을 먹여 살리건 동굴에 남아 집안일을 하면서 자라는 자녀를 보살피건, 여러분은 많은 일을 동시에 처리해 왔다. 책임은 날로 늘어가고 사고 체계도 변하였다.

어느 날 문득, 몇 년 전만 해도 꿈도 꾸지 못했던 지점에 이른 자신을 발견한다. 가족과 자신의 안전이 지상 과제가 되었고 젊은 날의 꿈과 야망은 거의 남아 있지 않다. 그럼에도 그 시절의 아름다운 꿈들이 문득문득 섬광처럼 스치고 지나갈 때가 있다.

갑자기 그런 생각들이 몸매에 가서 멈춘다. 어느 날 수영장에서, 해변에서, 옷 가게에서 거울에 비친 내 모습을 보는 순간 내 몸매가 예전과 같지 않다는 느낌이 드는 것이다. 대체 무슨 일이 벌어진 걸까? 여러분은 자신의 몸매를 보며(거울을 통해 보건, 정신의 눈으로 바라보

111

건, 의식적이건 무의식적이건 간에) 더 이상 행복하지가 않다. 처음에는 주의를 딴 곳으로 돌리려고 노력해 본다. "몸매에 신경 쓸 여유가 어디 있어. 중요한 일이 산더미인데." 이렇게 생각하며 자신의 마음을 달랜다. 하지만 이런 노력도 한계에 부딪치는 순간이 온다. 처음으로 "이렇게 살 수는 없어!"라는 생각이 머리 속에 확고하게 자리를 잡게 된다.

그 동안 여러분은 많은 사람과 의논을 해보았다. 자신과, 배우자와 친구들과, 몸매에 관해 이야기를 나누어 보았다. 그러다가 우연히—정말 우연일까? 이 세상에 우연이란 것이 정말 있을까?—한 가지 다이어트법이 여러분의 손으로 넘어온다. 여러분은 읽고 상담하고 생각해 본다. 모두의 결론은 하나다. "몸무게가 너무 많이 나가. 몸무게를 줄여. 살을 빼야겠어!"

몇 주 동안 괄목할 만한 성과를 거두었다는 광고지에 눈길이 가 멎는다. 그런 광고의 주장은 1kg의 몸무게는 곧 1kg의 지방이니 10kg을 줄이면 지방도 10kg이 준다는 것이다. 희망이 용솟음치고 여러분은 결단을 내린다. 살을 빼기 위해서라면 못할 짓이 없다. 뭐니 뭐니 해도 안 먹는 게 최고라니 기회가 닿는 대로 무조건 굶는다. 참아야 한다. 그것이 원칙이다.

아직 친구들이나 이웃, 가족에게는 그 사실을 숨기기로 한다. 괜한 짓을 한다고 책망을 할지도 모를 일이니 말이다. "미쳤니? 네가 살을 왜 빼? 날 봐. 할 일이 얼마나 많은데, 그런 쓸데없는 짓을 하느라 사서 고생을 하니."

이틀이 지나자 저울이 움직임을 보인다. 2kg이 덜 나간다. 다시 의욕이 솟구친다. 이제 여러분은 확신을 갖고 계속 다이어트를 추진한다. 처방전에 적힌 양을 반드시 지키고 기회가 있으면 그보다 더 적게 먹기도 한다. 중간중간 굶을 때도 있다. 그래도 즐겁기만 하다. 의욕이 넘치기 때문이다.

하지만 시간이 흐르면서 탈진 상태가 찾아온다. 처음에는 그럭저럭 견딜 만하다. 하지만 며칠이 더 지나면 밀려드는 배고픔을 견딜 수가 없게 된다. 그래도 참으려고 노력한다. 어쨌든 8kg이 빠졌으니 다시 힘을 내고 용기를 얻고 10kg이라는 목표를 달성하자고 결심한다. 이것보다 힘든 일들도 잘 참아냈는데 배고픔쯤이야 못 참을 것이 무엇이겠는가.

하지만 배고픔의 공격은 날이 갈수록 가혹해진다. 몸은 점점 지치고 피곤해지며 능률은 떨어지고 조그만 스트레스도 참아내기가 힘들다. 아이들 우는 소리가 이렇게 귀에 거슬린 적이 없었고 남편의 말 한마디가 이렇게 서운한 적이 없었다. 서서히 '이성'이 고개를 내민다.

마음의 목소리가 들려온다. "그만둬. 그러다가 죽겠어. 가족 생각도 해야지. 직장 일도 엉망이야. 너만 만족하면 인생은 아름다운 거야." 아침에 화장실을 다녀온 후 저울에 올라가 본다. "이만하면 됐지. 이만해도 어디야. 이 정도면 자부할 만하지 않아? 잘했어. 주변 사람들이 내가 걱정되어서 하는 말인데 들어야지." 마음이 이렇게 속삭인다. 좋다. 그 순간까지는 행복할 수 있다.

"일주일 동안 뼈빠지게 일했으니 주말엔 맛있는 음식을 먹으며 즐길

자격이 있는 거야. 나한테도 그만한 권리는 있어." 그렇게 마음먹은 그 날의 식사는 일생에서 가장 맛있는 식사다. 혀끝에 맴도는 음식의 맛은 그야말로 환희가 아니던가. 다음날 다시 저울에 올라간 순간 충격은 이루 말할 수가 없다. "하루 사이에 3kg이 불었어. 지금까지 그렇게 고생했는데 다 헛수고였어……!" 설명할 수 없는 좌절감이 밀려온다. 인생은 비극으로 돌변한다.

"모든 것이 헛수고였어!" 뼛속까지 스며드는 좌절감.

여러분도 다 나름의 사연이 있을 것이다. 하지만 기본 줄거리는 크게 다르지 않을 것이다.

요요 현상은 신체와 정신과 영혼의 관계를 깨닫지 못하기 때문에 생기는 그릇된 정보에 그 원인을 두고 있는 전략적 실수들이 중첩된 결과다. 이런 악순환의 주요 구성 요인은 직장과 가정에서 발생하는 스트레스와 좌절감, 두려움, 소외, 억압 등이다.

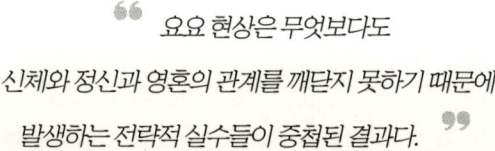

> 요요 현상은 무엇보다도
> 신체와 정신과 영혼의 관계를 깨닫지 못하기 때문에
> 발생하는 전략적 실수들이 중첩된 결과다.

그러므로 나는 여러분이 각자의 근본적인 원인을 찾아 자신에게 맞는 해결책을 마련할 수 있도록 도와주고자 한다.

기적의 약?

> 66 *신체에게 유익한 것을 주고 싶다면*
> *유익한 먹을 거리를 주어라!* 99

> 66 *정신에게 유익한 것을 주고 싶다면*
> *유익한 조언을 들려주라!* 99

> 66 *영혼에게 유익한 것을 주고 싶다면*
> *유익한 동기를 부여해 주라!* 99

약품

나는 이런 질문을 자주 듣는다. "잠시 들러, 분말 좀 가져와도 될까요?" 그런 소리를 들을 때마다 나는 이렇게 되묻는다. "체크하고 상담한 지가 얼마나 되었죠?" 그러면 대답은 한결같다. "상담 안 해도 돼요", "시간이 없어요". 심지어는 이런 소리도 한다. "며칠 동안 문란하게 살아서 체크해봤자 효과가 없을 거예요."

유감스럽게도 우리는 극도로 물질화된 사고 체계에서 살고 있다. 손으로 잡을 수 있는 것, 눈으로 볼 수 있는 것, 증명할 수 있는 것만이 타당하고 가치가 있다. 하지만 분말이나 다이어트 약품, 처방전이 여러분을 날씬하게 만들어주는 것이 아니다. 여러분은 아직도 '기적의 약'이란 걸 믿고 있는가?

> 새로운 아이디어에 마음을 열고
> 성공한 사람들이 성공을 발견한 곳,
> 바로 그곳에서 성공을 찾아보라!

정신

정신이 얼마나 많은 잠재력을 숨기고 있는지 보여주고 정신의 무한한 능력에 대해 거론하기에, 사실 요즘처럼 호시절이 없었다. 20년 전 발두르 프라이믈이라는 사람이 있었다. 그는 새로운 사고와 정신 훈련으로 오스트리아 스키 점프 선수들을 세계 수준으로 끌어올리는 데 성공하였다.

15년 전에는 유리 겔러라는 사람이 TV쇼에 출연하여 여러분의 TV 수상기 위에 놓여 있던 숟가락을 휘게 했다. 당시는 아직 그런 현상을 이해할 수 있을 만큼 성숙된 시대가 아니었다. 하지만 오늘날은 많은 사람들이 매니지먼트 트레이닝 세미나에 참석하는 등 사고의 힘을 확신하고 실행에 옮기고 있다.

좀더 쉽게 설명하기 위해 프로 스포츠의 예를 들어보자. 높이뛰기 선수가 2.40m의 세계 기록을 갱신하려고 한다. 장기간의 훈련을 쌓았다고 해서 과연 기록을 갱신할 수 있을까? 훈련중에 기록을 깨어보았

고 아침에 적당한 식사를 했다고 해서 목표를 달성할 수 있을까? 아니
면 그 이상의 무언가가 필요한 걸까?

》그 이상의 무언가가 필요한가?

그렇다. 세계 기록을 갱신할 수 있다는 확신이 없다면 절대로 목표
에 도달할 수 없을 것이다.

내 말을 믿지 않는 사람들이 있을지도 모르므로 또 다른 예를 들어
보겠다. 여러분은 여러분보다 훨씬 똑똑하면서도 시험에서 떨어진 친
구를 본 적이 없는가? 혹은 여러분보다 공부를 훨씬 덜했으면서도 보
란 듯이 시험에 척 붙은 친구는 없었는가? "있지요. 하지만…!" 그렇
게 말하지 말라. 이유는 간단하다.

66 *자신을 믿는 사람이 성공할 수 있기 때문이다.* 99

겉으로 보기에는 작은 차이에 불과하다. 그래서 이렇게 말할 수도
있을 것이다. "자기 PR을 잘해서 그래." 그런 분께 나는 이런 말을 들
려주고 싶다. "그 사람도 여러분처럼 한때는 요람에 누워 있었고, 좋은
것만 골라 먹이려는 부모님 밑에서 자랐을 것이고, 여러분과 똑같이
장단점을 가진 형제가 있을 것이다."

그러므로 그게 중요한 것이 아니다. 중요한 건 사물을 바라보는 방
식이다. 여러분이 어떻게 보느냐에 달렸다는 말이다. 여러분은 혹시라

도 자신을 패자라고 생각하며 자기 연민에 빠져 있지는 않은가? 아니면 인생을 자기 뜻대로 만들어가는 승자라고 생각하는가? 승자와 패자 사이에는 엄청난 수의 구경꾼들이 있다. 오늘 결단을 내린다면 여러분은 내일이라도 승자의 편이 될 수 있다. 문제는 사물을 바라보는 방식이다.

아직까지도 내 말을 못 믿겠는가? 그렇다면 또 하나의 예를 들어보자. 이번만큼은 여러분도 내 말을 믿게 되리라 확신한다.

20cm 넓이의 각목이 눈앞에 있다고 상상해 보자. 길이는 15m이고 지금 땅바닥에 놓여 있다. 여러분은 그 각목 위를 걸어 끝까지 갈 수 있다. 아무런 문제도 없다.

이제, 그 각목이 넓이 10m, 높이 50m의 구덩이 위에 걸쳐져 있다고 상상해 보자. 주변은 깍아지른 듯한 절벽이요, 구덩이는 까마득하게 깊다.

그 위를 걸어간다고 생각해 보자. 앞에서처럼 편안한 마음으로 걱정 없이 걸어갈 수 없을 것이다. 여러분의 뇌는 잘못해서 떨어지면 죽을 수도 있다는 정보를 이미 접수하였다. 하지만 여러분이 이 넓은 각목을 건널 수 있다는 믿음이 있다면, 땅에서와 마찬가지로 아무 문제 없이 걸어갈 수 있을 것이다.

》 차이는 어디에 있을까?

사물을 바라보는 방식, 즉 사고에 있다. 신체의 역할은 극히 미미하다. 문제는 정신이다.

> **66** 할 수 있다고 믿건 할 수 없다고 믿건 둘 다 옳다. **99**

뇌는 모든 행동과 성공의 원칙을 조절하는 중추이다. 진정한 의지만 있다면 뇌는 달성하고 싶은 모든 것을 관리한다.

여러분은 이렇게 말할 것이다. "의지는 늘 있었지요. 하지만 ……."

여러분에게 묻고 싶다. 진정으로 그 일을 이루고 싶었는가? 그저 스쳐가는 작은 바람은 아니었는가? 진정으로 믿었는가? 그 일 때문에 밤잠을 설칠 정도로 간절했는가? 무조건 무언가를 가지고 싶은 어린아이처럼 막연한 소망은 아니었던가? 진정으로 소망을 이루어 보겠노라는 결심을 한 적이 있었는가? 아닐 것이다.

여러분은 나이를 먹었고, 습관은 나날이 여러분을 '평범한 일상'으로 내몰고 있으며, 되풀이되는 일상과 투쟁해야 하고, 주변의 끊임없는 방해에 시달려야 한다.

》그러므로 끊임없는 동기 부여가 필요하다.

영혼

동기 부여는 성공의 열쇠다. 스스로에게 동기를 부여하건 전문가나 배우자, 자녀 및 친구들의 충고를 받아들이건 그건 상관없다. 항상 마음의 소리에 귀를 기울이고 주변의 자극을 적극 수렴할 준비를 갖추고 있어야 한다. 이것이 또 하나의 성공 원칙이다.

119

" 성공을 원한다면
성공한 사람들에게 물어보라.
아무것도 모르는 사람들에게 물어봤자
오히려 방해만 될 뿐이다. "

다시 말해 동기는 성공이 있는 곳에서 끌어와야 한다는 뜻이다. 여러분을 도와줄 의지가 있는 사람을 찾아보라. 또 우리 주변에는 수많은 정보가 널려 있다. 잡지, 책, 라디오, TV, 인터넷 등을 통해 여러분은 성공에 필요한 모든 정보를 얻어낼 수 있다.

하지만 모든 정보를 무조건 믿어서는 안 된다. 이 책 역시 여기에 담긴 모든 정보가 올바른 것이라고 생각해서는 안 된다. 다른 책도 찾아보고 다른 영양 전문가에게 의뢰도 해보고 토론을 거쳐, 여러분에게 꼭 필요하다고 생각되는 정보를 여과하여 섭취해야 한다.

앞장을 주의 깊게 읽은 독자라면 왜 동기 없이는 성공할 수가 없는지 깨달았을 것이다. 혼자서 마음의 자세를 가다듬을 용기가 없다면 전문가의 도움을 적극 활용하자.

" 성공을 보장하는 것은 자만이 아니다.
올바른 길을 택한 그곳에 성공이 있다. "

식탁에 마주 앉은 육식주의자와 채식주의자

이 영양 프로그램을 처음 접했을 당시 나는 이런 의문을 품어 본 적이 있었다. 수백만 년에 걸쳐 인간이 자연으로부터 선사받았던 음식들은 지금의 인류에게도 영향을 미치고 있는 것은 아닐까? 수천 년 전 인간 (혹은 포유동물)에게 힘과 건강과 능력을 가져다 주었던 것들은 오늘날의 인간에게도 똑같은 것을 선사해 줄 수 있지 않을까? 자연의 역사에 관심을 가지고 자연의 법칙을 인정한다면 보다 더 효율적인 영양 프로그램을 만들어낼 수 있지 않을까?

연구 결과에 따르면 인간은 3백만 년 전에 직립을 했다고 한다. 대부분의 사람들이 생각하는 것보다 훨씬 이전이다.

우리 앞에 30km 길이의 길이 놓여 있다고 상상해 보자. 자전거를 타거나 걸어서 간다면 정말 한참을 가야 길의 끝에 도착할 것이다.

이 길을 지구의 역사에 비유한다면, 예수가 탄생한 이후 지금까지 2000년 동안은 30km의 길에서 불과 2cm에 해당된다. 지구의 역사와 지구상에 생명체가 태어난 까마득한 과거를 생각한다면 인류의 역사는 실로 보잘것 없는 것이다. 우리의 부모, 조부모, 고조부모가 탄생되기(길에 비유하자면 불과 1mm에 해당된다) 훨씬 전에 일어났던 일들이다.

자, 이제 본론으로 돌아가보자. 그렇다고 해서 내게 수천 년 전 우리 조상들의 메뉴가 어떠했는지 묻지는 마라. 확실한 것은 단 하나, 우리 조상들이 먹었던 모든 음식은 자연의 산물이었다는 것이다. 포유동물이 살아갈 수 있도록, 그로부터 훨씬 뒤의 인류가 생명을 유지할 수 있도록 자연이 만들어놓은 작품들이었다. 자연은 인류가 태어나기 훨씬 전부터 인류가 생존할 수 있는 모든 전제 조건을 마련해 놓았다.

이런 생각에서 출발한다면 '자연으로 돌아가자'는 구호가 인류를 구원할 수 있는 유일한 슬로건일 수 있다는 주장을 쉽게 이해할 수 있을 것이다. 자연의 작품, 인간의 손길이 미치지 않은 식품만이 기적의 힘을 발휘할 수 있으며 건강과 활력과 능률과 행복과 조화를 제공해 줄 수 있다는 사실은 의심의 여지가 없다. 만일 그렇지 않다면 인간이 등장하기 훨씬 이전부터 이 지구상에 생명체가 살아 숨쉴 수 없었을 것이기 때문이다.

선사 시대의 인간은 동물의 고기와 식물을 먹었을 것이다. 고기를 자르고 으깰 수 있도록 만들어진 우리의 이빨을 보면 알 수 있다. 인간은 식물성 단백질만으로는 생존할 수 없다. 만약 동물성 단백질이 필요없었다면 인간은 태어나자마자 모유를 먹는 포유 동물이 아니었을 것이다. 모유에는 수백 년 동안 인간에게 값진 영양을 제공해 온 우유와 마찬가지로 풍부한 동물성 단백질이 함유되어 있다.

하지만 식물은 무기질과 비타민, 섬유질의 주요 공급원이었다. 현대 과학은 매일 새로운 식물성 물질을 발견하고 있고 그것이 인간에게 생명을 선사하는 영약이라는 사실을 입증하고 있다.

식물은 동물이 탄생한 이후 건강의 메신저였으며, 우리 면역 체계의 발달과 안정에 막대한 영향을 미치고 있기에 질병을 막아주는 책임자와 다를 바가 없다. 또한 식물은 생명에 필수적인 산소를 생산하고 공급한다. 산소가 없다면 이 지구상의 거의 모든 동물은 살 수가 없다.

고기와 식물은 둘 다 지방을 공급한다. 대다수의 동물은 지방을 보다 효율적으로 저장하고 소비하기 때문에 장기간 음식물을 섭취하지 않아도 견딜 수가 있다. 대표적인 예가 겨울잠을 자는 동물들이다. 그러니 선사 시대의 인간들 역시, 이런 저장 능력을 습득하여 비축 지방을 소비하면서 굶주림의 시기를 견뎌내었을 것이다. 지난 몇 백 년 동안에도 인간의 이런 능력은 변하지 않고 지방을 저장해 왔지만 지방의 소비는 이전보다 훨씬 비경제적으로 변질되지 않았나 생각된다.

21세기가 시작된 지금, 우리는 확신을 가지고 새로운 건강 철학을 추구해야 할 것이다. 복잡한 사회적, 경제적 여건은 자연으로 돌아가자는 목소리에 호응할 수 있는 여건을 충분히 마련해 주고 있다. 또한 의학의 탄탄한 뒷받침도 마련되어 있다.

이런 모든 여건은 인류의 건강과 평균 수명의 연장을 이루어낼 수 있는 초석이 될 것이다. 노화 방지(Antiaging)의 출발 신호탄은 이미 터졌다.

> 66 경제는 '건강'이라는 새로운 시장에 눈을 돌리게 될 것이다. 99

……그리고 그 자리에는 여러분도 함께할 것이다.

유아의 식사 습관을 위하여

지구상의 모든 민족은 그 나름의 식사 습관과 식사 예절을 발전시켜

왔다. 또 같은 민족이라 하더라도 집안마다 가풍이라는 것이 있기 마련이다. 그러므로 식사와 관련된 풍습 역시 어린 시절에 조부모, 부모에게 배운 부분이 많으며, 함께 자란 형제나 친구들의 영향도 무시할 수 없다.

신생아는 세상의 빛을 보는 순간 본능적으로 어머니의 가슴을 움켜잡는다. 그를 통해 세상과 관계를 맺게 되며, 세월이 갈수록 관계의 깊이는 더해간다. 어머니나 아버지에 대한 아이의 절대적인 믿음은 앞으로의 '영양 공급원'이라는 의미와 무관하지 않다. 아이가 자라면서 서서히 아이의 활동 반경 속으로 조부모나 형제가 들어오게 되고 아이의 식사 습관에 영향을 행사하게 된다. 정보에 굶주린 아동의 뇌는 무의식적으로 그런 정보들을 저장한다.

아이는 성인의 뇌가 할 수 있는 이상의 능력으로 모든 것을 받아들일 준비가 되어 있다. 아이가 체험한 일들 중 많은 것은 계획된 정보가 아니다. 무심결에 튀어나온 말 한마디, 주변의 생각 없는 행동 하나하나가 무의식의 선로를 타고 아이에게 정보로 전달된다.

그중 상당 부분이 소위 좋은 뜻으로 내뱉은 할머니, 아주머니, 부모의 말들이다. 물론 내용은 세대에 따라 차이가 있다. 할머니는 전쟁중에 겪었던 배고픔의 고통을 이야기해 준다. 쌀 한줌에 시래기로 멀건 죽을 쑤어 온 가족이 나눠 먹던 이야기며, 배가 너무 고파 산을 헤매며 진달래를 따먹던 이야기를 실감나게 전해준다.

할머니의 의식 속엔 먹을 것이 있을 때 무조건 많이 먹어두어야 한다는 확고한 믿음이 자리잡고 있기 때문에 손자에게 계속 많이 먹으라고 채근한다. 손자가 놀러오면 무조건 음식부터 풍성하게 장만하여 집을 떠나는 순간까지 계속 먹이려 든다. 그것이 할머니들의 사랑법이다. 아이는 먹기 싫다고 고개를 돌릴 때마다 이런 협박을 들어야 한다. "남기면 벌 받는다", "밥을 남기면 나중에 죽어 지옥에 가서 다 먹어야 한다", "밥 잘 안 먹는 아이는 산타클로스가 선물을 안 준단다" 하는 갖은 협박을 동원해서라도 무조건 많이 먹이려고 든다.

식사 예절을 가르치겠다는 의도에서 던지는 말도 많다. "어른이 식사를 하고 계시는데 먼저 자리에서 일어나선 안돼!" 그런 류의 말들은 아이들에게 바람직한 태도를 가르치겠다는 좋은 의도에서 나온 것들이다.

나는 이 자리에서 모든 분들께, 사랑하는 어머니, 아버지, 할머니, 할아버지께 진지하게 한말씀 드리려 한다. 여러분의 그런 말씀은 비록 의도는 나쁘지 않지만 득보다는 실이 많다는 사실을 말이다. '굶어 죽는다' 는 말을 예로 들어보자. 지금 우리가 살고 있는 이곳에선 굶어서 죽는 아이는 사실 없다고 보아도 좋다. 아이가 아무것도 안 먹는 건 배가 고프지 않기 때문이다. 안 고프면 안 먹어도 된다.

당장 여러분은 이렇게 항의할 것이다. "아이들에게 규칙적인 생활을 가르쳐야죠", "아이 때문에 또 식사 준비를 할 수는 없잖아요", "안 먹으면 자라지가 않아요." 걱정하지 말라. 이런 식의 생각은 다른 시도를 해볼 자세가 안 된 사람들의 사고 방식이다.

한번 다른 방식으로 아이에게 접근해 보라! 안 먹겠다고 하면 그냥 한 끼를 굶겨라. 그리고 다음 식사 시간은 몇 시간 후라는 사실을 상기

시켜 주라. 물론 그 사이에 군것질거리를 줘서는 안 된다. 그럼 며칠 안 있어 아이는 규칙적으로 식사할 것이다. 나는 100% 확신한다.

"우리 아인 안 그래요." 이렇게 주장하는 사람들은 나도 별 수 없다. "우리 아인 그런 식으로 다루기에는 머리가 너무 굵어요." 그런 사람들의 아이는 머리가 너무 굵어진 게 확실하다. 하지만 내 방법이 괜찮겠다고 생각하는 사람은 한번 써먹어 보라. 아마 통할 것이다.

> 66 일단 믿으면 다 통하게 되어 있다. 99

아이의 교육만 그런 것이 아니다. 우리는 모두가 이런 행동 방식의 결과이다. 비만의 원인을 찾으려 하지 않는다면 해결책도 찾을 수 없다. 우리 자신부터 시작하여야 한다. 우리 가족 안에 숨어 있는 원인을 찾아—몰라서, 혹은 사람들이 모두 그렇게 생각하기 때문에, 혹은 좋은 의도에서—저지른 실수를 고쳐나가려 노력하면서 우리 아이들에겐 우리보다 유리한 출발 지점을 마련해 주어야 한다. 비만 인구의 증가 비율은 실로 놀랄 만한 것이다. 모두가 나서지 않는다면 현실은 달라지지 않는다.

> 66 식사 습관은 교육으로 습득된다. 99

사과는 사과 나무에서 멀지 않은 곳에 떨어진다는 말이 있다. 6~8세의 비만 아동을 찾아 가족을 살펴보라. 유전적 요인이나 호르몬의 부작용이 절대 원인이 아니다.

통계적으로 볼 때 비만의 주요 원인은 식사 습관이다. 비만 아동의 부모들은 자녀한테서 기회를 박탈한 사람들이다. 여러분의 자녀는 어떠한가. 여러분의 몸매는 어떠한가. 아이가 학교에 가서 뚱뚱하다고 왕따를 당할 수도 있다고, 아이가 자라 뚱뚱하다는 이유로 좋은 직장을 잡지 못한다고 생각해 보라. 아이의 장래를, 아이가 이루게 될 가정을 한번 생각해 보라.

'대가가 되려면 일찍부터 연습을 하라' 는 말도 있지 않은가. 아이들에게 일찍부터 놀이를 통해 건강 의식을 고취시키면 우리처럼 성인이된 후에 힘들여 노력할 필요가 없다. '여러분의 머리 속에 깊이 뿌리박힌' 프로그램을 탐색하여 분석하고 이를 새로운 프로그램으로 교체하도록 노력해 보자.

하지만 현대에는 가정 교육을 통한 이런 사회화 이외에도 일상 생활 곳곳에 잠복하고 있는 온갖 조작이 우리 아이들을 노리고 있다. 아이들의 눈높이에 맞춰 놓은 판매대를 생각해 보라. 슈퍼마켓의 계산대 옆에 마련된 온갖 먹을 거리를 생각해 보라.

카트 가득 물건을 싣고 와 계산하느라 여념이 없는 엄마의 옷자락을 붙들고 초콜릿을 사달라고 졸라대는 아이를 여러분도 보았을 것이다. 아이들이 좋아할 색상과 캐릭터 디자인으로 꼬마 고객을 유혹하는 온갖 '불량식품' 을 생각해 보라. 아이들의 잠재 의식 속에 확고하게 자리잡은 그런 식품의 이미지는 앞으로 몇 십 년이 지나 그들이 어른이 된 후에도 식품 구매에 영향력을 행사할 것이다.

한번은 한 환자가 자신 있게 말했다. 자기는 그런 유혹에 절대 넘어가지 않는다고. 몇 분 후 내가 검정색하면 뭐가 떠오르냐고 물었다. 그녀는 당장, 자신 있는 목소리로 '코카 콜라'라고 대답했다.

이처럼 우리 사고가 조작당할 수 있다는 사실은 좋은 측면도 있다. 우리 스스로를 조작할 수도 있는 것이기 때문이다. 어떤 일을 끊임없이 생각하고 가능성을 자신한다면, 언젠가는 그 일을 반드시 이룰 수 있다는 말이다.

광고 심리학만 새로운 전략을 개발할 수 있는 게 아니다. 여러분도 그 방법을 배워 대응 전략을 개발할 수 있고, 더 나아가 이를 자녀들에게 전수할 수 있다. 앞에서 나는 광고 산업의 품질 기준은 영양학의 품질 기준과 반대된다는 주장을 했다. 대부분의 사람들이 생각하는 품질은 모양과 향기가 좋고 맛이 좋다는 것이다. 하지만 이 책을 여기까지 읽은 여러분은 다르게 생각할 것이다. 그러므로 여러분은 이런 조작에 대응할 수 있는 전략을 짤 수 있을 것이다.

내 주변의 훼방꾼들

살아오면서 여러분도 한번쯤은 멋진 아이디어를 발견하였을 것이다. 그래서 친구도 분명 좋아할 것이라 굳게 믿고 그 아이디어를 친구에게 이야기해 주었을 것이다. 하지만 친구의 반응은 기대와 전혀 딴판이었다. 거절 의사를 표하거나 심할 경우 여러분도 당장 그만두라고 충고했다.

주로 가까운 친구나 아는 사람들에게서 들을 수 있는 이런 종류의

말을 우리는 실패의 메시지라고 부른다. 이처럼 '좋은 뜻으로 한 충고'
에는 다양한 원인이 있다. 때문에 그 말의 진정한 의미를 파악하여 그
말에 현혹되지 않는 것이 중요하다. 이런 충고가 진지한 고민을 거쳐
나온 것일 확률은 거의 없다. 충고를 하는 사람은 오히려 여러분보다
상황을 더 모르고 있는 경우가 태반이기 때문이다.

　여러분이 이 책을 읽고 나서, 내일부터 새로운 식사 습관을 실천에
옮겨보기로 결심했다고 가정해 보자. 그래서 당장 언니한테 달려가 결
심을 털어놓는다. 언니는 여러분이 지금까지 시도해 보았던 각종 다이
어트법과 금식원 등의 과거사를 줄줄이 늘어놓으면서 이번에도 소용
없을 테니 관두라고 충고한다. 이 책을 읽은 것도 아니고 영양 문제를
집중적으로 연구해 본 적도 없으면서, 언니는 여러분보다 훨씬 많이
알고 있는 사람처럼 온갖 조언을 늘어놓는다.

　어떤 판단을 내려야 할까? 언니는 여러분이 이 문제에 관해 그녀만
큼 연구를 하지 않았다고 가정하기 때문에, 다이어트에 관한 한 아무
문제가 없다고 생각하는 자신의 생활을 여러분에게 전달해 주려 노력
할 것이다. 하지만 현실은 그렇지가 않다. 여러분은 이미 이 문제를 집
중적으로 살펴보았고 이런 저런 해결책을 찾아보았으며 여러 번의 실
패를 경험하였다. 더구나 이런 암흑의 터널에서 한줄기 빛을 던져줄
이 책을 읽은 후이다. 그래서 희망을 품고 이번에는 성공할 수 있겠다
는 믿음을 얻게 되었다.

　같은 날 여러분의 결심을 이웃집 여자에게도 들려주었다. 그녀는 여
러분보다 훨씬 뚱뚱하여 '당장 뭔가 조치를 취해야 할' 사람이기에 여

러분은 그녀에게 좋은 일을 한다는 믿음에서 뭔가 동기를 부여할 생각으로 이야기를 꺼낸다. 하지만 이웃집 여자는 상냥하지만 단호한 음성으로 대답한다. "뚱뚱하지도 않은 사람이 뭣하러 그런 짓을 해. 약간 살이 있어야 편한 인상을 준다구……." 이웃집 여자의 잠재 의식 속에는 여러분이 정말 날씬해질 수도 있다는 두려움이 자리잡고 있다. 그래서 사전 예방책으로 미리 선수치는 것이다.

이런 방해의 메시지나 '좋은 의도에서 던진 충고'는 뭔가 새로운 것을 들고 다른 사람을 마주할 때면 하루에도 몇 차례씩 경험할 수 있는 일이다.

하지만 아무리 극소수에 불과하더라도 여러분 곁에 앉아 여러분의 말에 귀를 기울여줄 사람이 분명 있을 것이다. 이런 사람들은 보통 여러분과 한참 동안 토론을 하여 여러분의 마음을 다 전해 들은 뒤, 그리고 불확실한 부분이나 의심스러운 부분을 완전히 파악하고 난 후에야 비로소 신중하게 자신의 의견을 들려줄 것이다.

때문에 나는 여러분에게 같은 경험을 많이 했고 그래서 아는 것도 훨씬 많은 그 분야의 전문가들과 자리를 함께하라고 권하고 싶다. 전문가들과 함께하면 시간 낭비를 줄일 수 있기 때문에 훨씬 빠른 시간 안에 목표에 도달할 수 있을 것이다.

> 경험과 지식이 부족한 사람들과 실패담을 주고받기보다는 다른 사람의 실수에서 교훈을 얻도록 하자.

내 마음속의 방해꾼

주변 사람들뿐 아니라 우리의 잠재 의식 역시, 계속하여 방해의 메시지를 전달한다. 그런 자체 방해 행동은 우리도 모르는 사이에 일상에서 매일 일어나고 있다. 변화는 에너지를 필요로 하기 때문에 에너지 도둑인 변화를 막기 위해 우리 자신이 방어 메커니즘을 작동시키는 것이다. 하지만 이런 방어 메커니즘은 건강에도 유익하지 않을 뿐더러 장기간 계속되면 정반대의 결과를 초래할 수도 있다.

내게 영양 조언을 받는 상담자들은 이런 이야기를 자주 한다. "싫어요. 그렇게 많이 빼고 싶지는 않아요. 살을 많이 빼면 주름이 생긴대요. 사람들이 그랬어요."

이런 종류의 말들은 앞에서 본 이웃집 여자의 말과 같은 맥락에서 나온 것이다. 둘 다 변화를 원치 않는 마음에서 나온 것이기 때문이다. 변화는 수고와 시간과 노력을 뜻하며 위험을 감수하고 미지의 세계와 마주한다는 뜻이다. 다시 말해 용기가 필요한 것이다. 사실 지방이 줄어들면 일시적으로 주름이 생긴다. 지방이 사라진 후 피부가 제자리를 찾는 속도가 느리기 때문이다. 이는 과학적으로도 증명된 사실이다. 하지만 일시적인 현상일 뿐이다.

여러분은 또 이렇게 생각할지도 모른다. "할 일이 태산인데, 그런 생각을 할 여유가 어디 있어?" 뒤에서 나는 시간 관리에 대해 자세하게 설명하도록 하겠다. 우선 여기서는 모든 사람에게는 매일 정확하게 24시간이 주어져 있다는 사실만 강조하도록 하겠다. 모든 사람에게 공평하게 주어진 그 24시간을 보다 효율적으로 분배한다면 변화 모색의 여유를 얻게 될 것이다. 앞에서 말한 방어 메커니즘에 굴복하고 만다면 주변 사람들은 변하는 데 나만 그 자리에 멈춰 있는 꼴이 되고 만다. 세상은 변하는 데 나만 제자리걸음을 하고 있다면 내 상황은 시간이 갈수록 악화될 것이다.

대부분의 남성들은 배가 나온 것이 돈이 많다는 증거이며 남성다움의 상징이라고 믿고 있다. 또 성격이 원만한 사람이 주변 사람들의 사랑을 더 많이 받으며, 성격이 좋은 사람들은 대부분 웬만큼 살이 있다고 생각한다. 하지만 이런 생각은 살이 많이 찔수록 성격도 좋다는 잘못된 결론으로 나아갈 수가 있다. 내가 본 성격 좋은 사람들 중에는 살을 빼고 싶어하는 사람이 적지 않았다. 비만이 정말로 남성다움의 상징일까?

상담을 하다 보면 또 이런 말도 많이 듣는다. "그렇게 많이 뺄 수 있을까요?" 이처럼 한계를 그어서는 안 된다. 완벽한 결과에 이를 때까지는 비전을 마음껏 높여야 한다. 프로 스포츠 선수가 "10등만 하면 만족해"라고 생각한다면 절대 이기지 못할 것이다. "반드시 이길 거야" 그렇게 다짐해야, 못해도 10등은 할 수가 있는 것이다. 두 가지 생각에 차이가 있다고 보는가? 미미한 차이지만 또한 결정적인 차이이기도 하다. 여러분의 소망이 날개를 활짝 펼 수 있도록 최대의 기회를 마련해 주라.

"저는 거의 안 먹어요. 그런데 눈으로 보기만 해도 살이 찌는 것 같아요." 이런 말을 하는 사람의 마음을 자세히 들여다 보면 웃지 않을

수가 없다. 정말 그렇다면 얼마나 좋겠는가? 눈으로 보기만 해도 살이 찐다면 이 세상에 굶어 죽는 사람은 없을 것이다.

필요한 칼로리는 섭취해야만 채울 수 있는 것이다. 보기만 하고 거의 안 먹는데 칼로리가 채워질 리 만무하다. 이런 생각은 절대 금물이다. 그것은 장애가 될 뿐이며 의욕을 떨어뜨리고 의심을 증폭시킬 뿐이다. 당장 그런 생각을 멈추고 다시 떠오르면 단번에 머리 속에서 몰아내려 노력하자. 몇 번 반복하다 보면 떠오르는 횟수가 줄어들 것이고, 그러다가는 영영 자취를 감추고 말 것이다.

상담을 의뢰한 사람들과 함께 1일 식사 계획을 짤 때마다, 특히 감소 단계에 있는 사람들의 경우 하루 한 번의 성찬을 먹어야 하는 시간을 의논하다 보면 누구나 이런 질문을 한다. "저녁에는 많이 안 먹는 게 좋다던데요?" 이것 역시 잠재 의식의 방해 공작이다.

감소 단계에선 하루 한 끼 정식 식사를 해야 한다. 설사 저녁 시간이라도 한 끼도 안 먹는 것보다는 하루 한 끼를 제대로 규칙적으로 먹는 것이 훨씬 낫다. 그러니 저녁 식사 시간이 제일 손쉽고 제일 편안하다면 저녁에 정식 식사를 해야 한다.

또 이런 질문들을 한다. "하루 세 끼만 먹으면 위에 나쁘대요." 물론 만성 위카타르 환자라면 위가 빌 경우 통증을 느낄 수 있다. 하지만 대부분의 사람들은 4~6시간 동안 식사를 하지 않는다고 해도 별 무리 없이 참을 수 있다. 그것이 자연의 법칙이다.

그러니 여러분의 생각을 매일 새로운 방향으로 이끌어나가 보자. 자신의 생각을 어떻게 다루는 것이 가장 좋은 방법인지 연구해 보자. 아

133

마 금방 효과가 나타나 여러분도 놀랄 것이다. 이 책에서 필요하다고 생각되는 부분을 읽고 또 읽으면서 여러분의 시각이 어떻게 변하는지 느껴보자.

하지만 대부분의 사람들은 지방이 많이 들어 있지 않은 음식은 도무지 맛이 없어 먹을 수가 없다고 불평하면서 살을 빼야 하는 자신의 처지를 한탄하거나, 일이 너무 많아 시간을 낼 수 없다는 핑계를 대고, 자신의 문제는 어떤 조치로도 해결할 수 없는 것이라고 미리 포기해버린다. 이런 사람들은 분명 잠재 의식의 방해에 굴복한 사람들이다.

자신의 문제를 조금이나마 솔직하고 정직하게 바라보는 것, 그것이 가장 중요하다. 누구도 필요치 않고 누구의 강요를 받아서도 아니다. 오늘 아니면 내일 시작하지 않는다고 세상이 무너지는 것도 아니다. 각자는 스스로 결단을 내려야 한다. 이 과정에서 자신을 직시하고 생각을 정리하고 현재 느낌의 진짜 원인을 설명하려고 노력하다 보면 많은 도움이 될 것이다. 여러분의 생각이 여러분의 신체를 지배한다. 물론 여러분의 잠재 의식이 여러 차례 방해를 할 것이다.

> 생각을 강하게 만들고 잠재 의식이라는
> 방해꾼을 이겨내면
> 여러분은 자신의 주인이 될 것이다.
> 여러분 개인이 가지고 있는 가능성을 적극 활용하고
> 그 가능성에게 최대한의 기회를 마련해 주자!

이젠, 나도 할 수 있다

몇 십 년 전부터 산업 사회에서는 국민의 비만이 점점 심각한 문제로 부상하고 있다. 그리고 비만이 이 세상에 존재한 이후 인간은 비만에서 탈출하기 위해 노력해 왔다.

의학계 역시 이 문제를 심각하게 받아들이고 각종 프로그램을 개발해 왔다. 지방 감소가 아직은 당사자들의 문제이기는 하지만, 전문 지식이나 현대식 검사 방법 없이도 혼자 힘으로 비만에서 탈출할 수 있는 사람은 극소수에 불과할 것이다. 통계적으로도 확인된 사실이다.

다이어트뿐만 아니라 인생의 모든 문제에서 공통적으로 통용될 수 있는 진리는, 이미 성공을 거둔 사람들에게 조언을 구해야 성공할 수 있다는 것이다. 이런 원칙을 나의 지방 감소 프로그램에 적용해 본다면, 자기보다 앞서 몸매 관리에 성공한 사람들을 기준으로 삼아 잊지 않고 정기적인 상담을 받으며, 매일 해당 서적을 읽으면서 의욕을 고취시켜야 한다는 뜻이 되겠다.

이렇게 배운 내용을 날마다 실천한다면 곧 눈에 띄는 변화를 느낄 것이다. 몸매의 개선과 성취감, 주관적인 만족감이 조화를 이루고 주변에서는 감탄사를 연발할 것이며 일상 생활도 훨씬 활기차게 변할 것이다. 이처럼 지극히 평범한 성공 사례는 목적을 향해 한눈 팔지 않고 달려간 결과일 뿐이다. 말처럼 그렇게 간단하다.

아직 결단을 못 내렸는가? 그렇다면 무엇이 문제일까?

문제는 첫걸음이다. 아주 간단한 일을, 효능이 입증된 사실을 실천

135

에 옮기는 것이다. 여러분은 그저 다른 사람들이 성공적으로 이루어 낸 일을 따라하기만 하면 된다. 여러분의 결단에 도움이 되도록 성공 사례를 들어보겠다.

프로그램 소개 시간에 보면 열심히 귀를 기울이는 사람들이 있다. 이들은 내가 준 정보를 하나도 빼놓지 않고 기록하면서 경청하는데, 일주일 후면 이미 성과를 느낀다. 옷이 헐렁해지고 기분도 아주 상쾌 해지며 저울에 올라가면 몸무게가 3kg 정도 빠져 있다. 프로그램이 작 동하는 것이다. 한 주가 지나면 우리는 초보자들의 건강 체크를 하고 다음 단계를 설명해 준다. 여러 사람이 모인 자리에서 한 번 소개한 것 으로는 충분하지 않기 때문이다. 그래서 이번에는 개인의 특성에 초점 을 맞추어 보다 상세한 정보를 전달한다.

몸무게가 줄어든 것에 열광한 나머지 몇 사람은 더 빨리 몸무게를 줄이려고 영양 계획표를 자기 마음대로 조작하기도 한다. 하지만 결과 는 그리 낙관적이지 않다. 성공의 관건은 열린 마음으로 전문 지식을 받아들이는 가운데 새로운 것에 도전하는 태도이기 때문이다.

살을 빼고 싶은 여성의 전형이었던 한 여성은 살을 빼는 짓이라면 안 해본 것이 없고 돈도 엄청나게 투자했으며 시키는 대로 다한 결과, 몸무게를 10~20kg까지 빼보았다고 했다. 하지만 매번 다이어트를 끝 내고 나면 몸무게가 더 불었다고 했다.

전형적인 요요 현상이었다.

나는 그녀에게 정기적으로 나를 찾아와 체크를 받고 상담을 하되, 집에서는 절대 저울에 올라가지 말라고 부탁했다. 그녀는 내 말을 따랐고 마침내 성공적으로 살을 뺐다. 몸매도 몰라보게 변했다.

그 사이 그녀는 30kg이 줄었고 주변 친구들은 그녀의 '놀라운' 성공에 감탄사를 보내면서 그녀의 손을 잡고 우리를 찾아왔다. 그녀는 몇달이 지난 지금까지도 몸매를 유지하고 있으며, 정기적으로 나를 찾아와 새로운 정보를 우리와 교환한다. 사실 이런 정보 교환을 통해 우리가 상담자들을 가르치기도 하지만, 그네들로부터 우리가 오히려 배우는 경우도 적지 않다.

이것이 아주 미미한 차이라고 생각하는가?

성공과 실패는 멀리 떨어져 있지 않다. 지금 나는 내 자랑을 늘어놓겠다는 것도 아니고 우리 프로그램을 광고하겠다는 것도 아니다. 다만 수많은 성공 사례를 통해 입증된 프로그램을 선택해야만 성공을 거둘 수 있다는 것을 강조하고 싶을 뿐이다.

처음에는 의심하고 또 의심해야 한다. 어떤 프로그램이건 무조건 믿어서는 안 된다. 꼼꼼히 따져보고 과학적인 근거와 현실성을 검증해 보아야 한다. 하지만 일단 그 프로그램을 따르겠노라 결단을 내렸다면 열과 성을 다해 노력해야 한다.

핑계를 찾지 마라

의심은 필요하다. 하지만 의심은 아주 좋지 않은 결과를 초래할 수도 있다. 때에 따라서는 치명적인 결과에 이르기도 한다.

무슨 차이일까?

건강한 의심은 새로운 것에 도전하기를 좋아한다. 그런 사람들은 새로운 정보를 주의 깊게 경청하고 자신의 경험과 비교하여 유사성과 차이점을 따져 보고 질문을 한다. 병적인 의심도 처음엔 별로 다를 바 없어 보인다. 하지만 건강한 의심은 자신의 무지를 깨우쳐 줄 수 있는 사람, 새로운 것을 제공할 수 있는 사람에게만 질문한다.

시간을 두고 고민하여 불확실한 부분이 하나도 남지 않을 때까지 모색한 끝에 긍정적인 결론을 이끌어낸다. 긍정적인 결론이란 "그래, 나는 할 거야"가 아니라 "그래, 이제 나는 전부 다 파악했어"라는 태도이다. 그러므로 건강한 의심은 시간을 효율적으로 투자하여 그로부터 확실한 결과를 도출해 내려 노력한다.

정보를 제공한 사람에게 그의 정보가 얼마나 훌륭한 것인지를 알리는 데 급급하지 않기 때문에 지식이 불충분한 사람에게는 함부로 상담하지 않는다. 경험과 지식을 전달해 주려는 대화 파트너를 찾는 것이 아니라 스스로 활용할 수 있는 정보만을 원한다.

그러므로 건강한 의심은 확실한 결과를 발견할 때까지 전문가를 찾아다니며 묻고 또 묻는다. 그리고 그런 점이 바로 성공한 사람들의 트레이드 마크이다. 멍청한 질문이라고 생각될 정도로 꼬치꼬치 캐물어 모든 의혹을 떨쳐버렸을 때 비로소 다시 걸음을 내딛는 것이다.

하루는 한 남자가 나를 찾아와 나의 영양 정보가 이때까지 그가 들었던 것 중에서 최고였다고 말한 적이 있었다. 그런데도 그 남자는 몇 가지 보충 질문을 더 던져야겠노라고 말했다. 그래서 나는 30분 동안 그의 질문에 성심껏 답변해 주었다. 그 결과 그는 확신을 얻게 되었고 열심히 노력한 끝에 27kg을 뺐다(원래 110kg이었던 몸무게가 75kg으로 줄었다). 그리고 그 몸무게를 현재까지 유지하고 있다.

또 한 사람의 여성도 그와 비슷한 태도를 취했다. 하지만 당장 시작하지는 못하겠노라고 말했다. 가정에 문제가 있어서 신경이 분산될 터이니 일단 좀 기다려 보겠다는 것이었다. 1년 후 그녀는 다시 나를 찾아왔고 내 설명을 귀기울여 들었다. 그리고 시작하겠다는 결심을 했다. 그녀가 성공을 거두었음은 불을 보듯 뻔하지 않은가.

여러분도 철저한 자기 관리를 통해 이런 성공을 거둘 수 있다.

> ❝ 여러분은 자신의 생각을
> 뜻대로 쌓아갈 수 있는 생각의 건축가다! ❞

대부분의 사람들은 잠재 의식이라는 방해꾼을 알아차리지 못하고, 시간이 없다거나 아이가 아직 어리다는 식으로 당장 시작할 수 없는 핑계거리를 찾는다. 하지만 핑계는 에너지의 방출을 막아 잠재 의식을 살찌울 뿐이다. "할 수 없지만 그 사실을 남들이 모르게 해야 돼"라는 식의 잘못된 태도를 낳는 것이다.

이 책을 읽으면서, 여러분은 성공을 바란다면 "난 할 수 없어"라는 생각은 절대 금물이라는 사실을 깨달았을 것이다. 환상적인 몸매를 원하건, 돈을 많이 벌어 부자가 되고 싶건, 고향에서 제일 뛰어난 드럼 연주자가 되고 싶건, 목표는 상관없다.

무언가를 이루고 싶다면 핑계를 찾지 마라.

> ❝ 자신에게 솔직하고 정직해야, 최고의 결과를 얻을 수 있다! ❞

동기 - 꿈 - 목표를 향해

우리는 이제 우리의 감정과 생각이 성공의 원칙이라는 사실을 확신하게 되었다. 이 장의 제목은 꿈이다. 아쉽게도 우리는 일상에 쫓겨 자신의 꿈을 돌아보지 못하고 있다. 젊은 시절의 꿈은 세상 물정 모르는 철부지의 환상이었노라고 경멸하는 사람도 많다. 그래서 나는 이 자리를 빌어 다시 한번 꿈의 의미를 강조하고자 한다.

"아이들은 꿈을 먹고 살지. 그러니까 어릴 때는 무슨 꿈도 꿀 수가 있는 거야. 하지만 나이가 들면 다르지. 현실을 깨달아야 하는 법이니까." 우리는 이런 말을 자주 듣는다. 그보다 더 심한 말을 하는 사람들도 있다. "정신 차려. 발이 땅에 안 붙어 있어." 이런 경고성 발언들은 뭔가 의욕을 가지고 실천에 옮기려는 사람들에게 찬물을 끼얹는다. 자꾸만 그런 말에 의욕이 꺾이다 보면 다시 꿈을 되찾는 것이 정말 힘들어진다.

하지만 무언가 이루고 싶은 것이 있다면 잊혀진 꿈을 땅 속에서 파내야 한다. 거울 앞에 서서 몸매를 살펴보고 내가 꿈꾸는 몸매를 상상할 수 있는 용기를 가져야 한다. 잡지에서, 해변에서, 거리에서, 나이트클럽에서, 혹은 지난번 산책 길에서 보았던 매력적인 몸매를 거울 속에서 보아야만 한다. 물론 60대인 사람이 20대의 몸매를 꿈꾼다면 너무 현실성이 없다. 같은 연배지만 나보다 더 젊고 의욕적이며 매력 있

는 외모를 한 사람을 모범으로 삼아야 한다. 이상적인 모델을 설정할 때는 절대 소극적이어서는 안 된다. 앞에서 말했듯이 잠재 의식은 무한한 힘을 가지고 있다. 이상적인 결과가 정신의 눈앞에 나타날 때까지 생각을 가꾸고 또 가꾸어 장식해야 한다. 상상력의 무한한 가능성을 최대한 발휘해 보자.

> **이상은 별과 같다.**
> 닿을 수는 없지만 그것을 보고 방향을 찾을 수는 있다.

한 번 더 상기하자. 누군가 여러분을 바라볼 때는 여러분의 몸무게를 떠올리지 않는다. 중요한 건 이미지다. 그러므로 이미지 관리에 힘쓰는 것이 급선무다.

현재의 이미지는 마음에 들지 않지만 이것을 앞으로 몇 주 안에, 혹은 몇 달 안에 새로운 이미지로 교체할 수 있다.

여러분은 할 수 있다. 여러분의 꿈은 이루어질 수 있다. 모든 것은 이룰 수 있다. 물론 이 부분을 처음 읽는 독자라면 그런 생각을 하는 것이 쉽지 않을 것이다. 하지만 두려워하지 말자. 여러분이 아무리 끝없는 상상의 나래를 펼친다한들 아무도 여러분의 머리 속을 들여다볼 수 없고 여러분의 생각을 읽을 수 없다.

성공한 사람들의 전기를 보면 모두가 큰 비전을 품고 시작하였다. 그리고 일생 동안 그 비전을 버리지 않았다. 큰 꿈을 품는 것이 왜 창피스러운 일인가? 누구도 여러분의 꿈을 들여다볼 수 없고 그 꿈을 앗아갈 수 없다. '꿈'은 아름다운 것이다. 때문에 아이들도 꿈을 꾸고 그 꿈과 더불어 즐거워하는 것이다.

이제 여러분은 이렇게 물을 것이다. "그렇게 안 하면 안 되나요? 지금까지 꿈이 없어도 잘 살았는데요."

말도 안 되는 소리다. 여러분이 지금까지 이루었던 모든 일들도 처음에는 비전이었다. 다만 의식하지 못했었고, 그래서 비전이라고 힘주어 말하지 않았을 뿐이다.

실례를 들어보자. 오늘 저녁 집으로 손님들을 초대했다. 여러분은 머리 속으로 식탁을 어떻게 차릴지 미리 그려보고 그에 맞추어 식품을 구입할 것이다. 그런 다음 채소를 씻고 고기를 갈고 즐거운 마음으로 양념을 하여 굽고 지지고 장식을 하여 식탁에 내놓을 것이다. 그리고 손님을 맞아 식탁에 앉아 즐거운 마음으로 저녁 식사를 할 것이다. 하지만 몇 시간 전만 해도 이 모든 일은 정신의 눈앞에 펼쳐진 그림에 불과했다. 모든 일들이 그렇다.

그렇다면 무엇이 다른가? 아주 간단하다.

> *한 번도 가져보지 못한 것을 가지려면*
> *한 번도 해본 적이 없는 일을 해야 한다!*

앞에서도 한 번 언급했던 말이다. 기본적으로 이 책의 주제는 바로 이 하나의 문장에 모두 녹아 있다.

앞의 예로 다시 한 번 돌아가 보자. 여러분은 오늘 저녁 리처드 기어를 식사에 초대했다(여러분의 남편은 아마 줄리아 로버츠를 더 좋아할 것이다. 그렇다면 둘 다 초대하자). 어떻게 준비하겠는가? 여러분의 머리 속에서 흥분과 걱정이 교차하고 있을 것이다.

이제 여러분은 무엇을 하겠는가? 나는 이렇게 권하고 싶다. 누가 어디에 앉을 것인지 식탁의 배치를 해보고, 무슨 식품을 구입해야 최고의 음식을 장만할 수 있을 것인지 메뉴 선정에 신중을 기하라고 말이다. 따지고 보면 큰 차이가 아니다. 하루 종일 오늘 '저녁'을 생각하면서 순간 순간 어떤 일이 일어날 것인지 눈앞에 그려보고, 더 잘할 수 있는 기회를 적극 활용하는 것이다.

143

다시 말해, 보다 집중적으로 계획을 하는 것이다.

하지만 예상치 못했던 사건이 발생하는 수도 있다. 예를 들어 리처드 기어와 줄리아 로버츠가 갑자기 오늘 저녁 식사에 여러분을 초대했다(진짜로 그랬다면 여러분은 정말 행운아이다). 그러면서 차를 보낼 테니 7시 30분까지 준비를 마치고 기다리라고 했다. 이런 예로 여러분의 상상력을 무리하게 동원시켰다 하더라도 용서해 주길 바란다. 이 순간 흥분한 당신의 머리 속에서 무슨 생각들이 교차될까? 무슨 옷을 입지? 어떤 음식이 나올까? 혹시 실수라도 하면 어쩌지? 무슨 이야기를 하지? 등등.

분명히 여러분은 걱정 반 기대 반으로 제정신이 아닐 것이고 온갖 장면들이 눈앞에 떠다닐 것이다. 그날 저녁이 지나고 나면 여러분은 행복에 겨워 어쩔 줄 모를 것이다(리처드 기어나 줄리아 로버츠는 앞의 예에서처럼 꼼꼼히 준비하는 사람들일 테니 말이다). 그날의 분위기, 그들의 매너는 정말 나무랄 데가 없었다.

이제 여러분은 비교할 것이다. 집으로 가는 도중 머리 속에 떠올랐던 온갖 영상들이 맞아떨어진 것(긍정적인 상상들)도 있었고, 맞아떨어지지 않은 것(부정적인 상상들, 예를 들어 실수라도 저지르면 어떡하나 하는 걱정)도 있었을 것이다. 하지만 전체적으로 보건대, 여러분은 우아한 손님 노릇을 잘 해냈다. 괜스레 걱정했고 괜스레 불안에 떨었다. 여러분은 자신을 뿌듯한 마음으로 바라보아도 좋다.

그렇다. 비전을 품고 그것을 끈기 있게 실천하여 결국 성공을 거두었다면 분명 자부심을 가져 마땅하다. 여러분이 생각했던 것, 여러분이 실천에 옮긴 것에 자부심을 가져라. 실천에 옮긴다는 것은 현실로 만든다는 뜻이다. 여러분은 생각을 현실로 만들었고 여러분의 생각은 물질화되었다. 그러므로 '현실의 땅'은 먼저 이상과 비전, 상상을 쫓는다. '현실의 땅'을 절대 떠나지 않으려고 고집을 부리면 아무것도 바뀌지 않는다. 여러분은 아무것도 변하는 게 없는데, 주변은 늘 변하고 있다. 주변 사람들은 여러분이 생각하는 것보다 훨씬 많은 비전을 품고 산다. 우리 아이들을 한번 보라.

> **꿈을 꾸는 사람은**
> **달빛 아래에서 길을 찾는 사람이며**
> **세계적 유적 앞에서 내일을 내다보는 사람이다.**
> —오스카 와일드—

그러므로 무의식적인 것을 의식하는 것이 실수일 수는 없다. 잠재의식을 꿈으로 살찌울 수 있을 것이기 때문이다.

하지만 성공의 길을 걸어가려면 분명 도구가 필요하다. 이런 도구를 줄 수 있는 사람들이 바로 전문가들이다. 늘 그들과 상담하여 조언을 구하고 집으로 돌아가 그 조언을 실천에 옮기자. 유명한 사람들의 성공담을 접할 기회가 있으면 절대 놓치지 말고 유익한 지혜를 찾아보자. 운전을 하거나 일상 업무를 처리하는 시간에도 카세트를 통해 성공한 사람들의 이야기를 듣자. 아무리 작은 정보라도 미래의 새로운 사고를 열어주는 초석이 될 수 있다.

승자는 절대 포기하지 않는다

꿈을 갖는다는 것은 무언가를 달성하고자 하는 동기가 있다는 뜻이다. 날씬한 몸매를 얻고자 하는 동기가 있다면 꿈이 필요하고 그 꿈의 결과는 멋진 몸매이다. 가르침, 프로그램, 소프트웨어는 이미 여러분의 손안에 있다. 약간의 인내심만 발휘하면 금방 원하던 것을 손에 넣을 수 있다. 꿈이 클수록 속도도 더 빨라질 것이다. 꿈이란 동기를 부여해 주는 원동력이기 때문이다.

그러므로 여러분도 충분한 시간을 들여, 꿈과 비전을 쌓아나간다면 그것을 실현할 수 있을 것이다. 물론 그 사이에 꿈을 이룰 수 있을까, 하고 마음이 흔들리는 기간이 있을 것이다. 생각지 못했던 불행을 겪을 수 있고 측정 결과가 기대보다 좋지 않아 낙담할 수도 있다. 하지만 성공한 사람들은 포기하지 않는다. 절대 포기하지 않는다.

> 66 *재능은 지켜보기만 할 뿐, 승리는 끈기와 인내의 몫이다!* 99

성공에서 실패의 단계를 지나 다시 성공에 이르는 길은 기술만으로 만들어갈 수 있는 것이 아니다. 끈기 있게 목표를 붙들고 늘어져야 한다. 어려운 상황이 닥치면 도움의 손길을 빌리고 그를 통해 다시 한 번 의욕을 고취시켜 보자.

지금까지 살아오는 동안 여러분도 어떤 일이건 성공을 거두어, 주변 사람들의 칭찬과 감탄을 받은 경험이 있을 것이다. 여러분과 함께 기뻐하고 함께 즐거워해줄 이런 사람들은 이번에도 여러분을 도와줄 것이다. 실패를 딛고 일어나는 것, 그것이야말로 목표의 방향을 잡아주는 시금석일 것이다. 힘든 상황을 철저히 분석하여 객관적으로 바라보면서 다시 꿈의 몸매를 만들어보자. 여러분이 아니라면 세상 그 누구도 여러분에게 이런 꿈의 몸매를 선사할 수 없다. 그러므로 여러분이 노력하여 여러분이 승리하여야 한다.

나 역시 힘든 상황을 이겨내고 목표를 성취한 경험이 있고 또 앞으로도 그런 경험을 하게 될 것이다. "우리 언니들은 전부 날씬한데, 나만 이러네요." 상담을 하다보면 자주 듣는 말 중 하나다. 살다보면 가끔씩은 절망도 필요하고 또 나보다 편안하게 사는 것 같아 보이는 옆사람을 부러워할 필요도 있다.

하지만 그 사람들이라고 어려움이 없었겠는가? 그들이라고 아무 노력 없이 멋진 몸매를 유지할 수 있었겠는가? 몸매가 아니어도 삶은 온갖 난관의 연속이다. 생활비에 쪼들리고 냉장고는 고장나고, 아이들 문제, 집안 수리, 직장, 부족한 시간, 병든 노부모에 법정 문제까지, 살다보면 골치 아픈 일이 한두 가지가 아니다.

그런 문제가 생길 때마다 다른 사람의 처지와 비교하지 마라. 털어서 먼지 안 나는 사람이 없는 법이다. 자세히 들여다보면 어느 가정, 어느 개인도 문제 없는 곳이 없다. 자신의 행복은 자신의 손에 달려 있는 것이다.

다른 사람의 인생은 장밋빛이고 내 인생은 칙칙하고 어두운 빛깔인 것처럼 엄살을 피워서는 안 된다. 무슨 일이든 긍정적으로 생각하라.

147

여러분에게 암울한 생각을 불러일으키는 상황을 현실로 받아들이고 행동을 통해 긍정적인 결과를 찾아보자. 남보다 더 깊이 잠수해야, 더 비싸고 질 좋은 조개를 캘 수 있다.

> 66 *포기하는 자는 절대 이길 수 없다.*
> *포기하지 않는 자가 이긴다.*
> *—나폴레옹 힐—* 99

계획이 있어야 목표에 도달할 수 있다

"지난 주말에 자제를 했었어야 했는데……. 왜 수치가 이렇게 나쁘게 나왔는지 이제야 알 것 같네요."

상담을 하다보면 이런 말을 자주 듣는다. 이런 생각 역시 바람직하지 않다는 것을 이제부터 설명해 보기로 하자.

우선, 한 주 정도 주말에 무계획적으로 식사를 했다고 해서 영양 프로그램 계획이 당장 엉망이 되지는 않는다. 다시 말해 주말의 이틀이 남은 기간 전체와 맞먹는 비중을 차지할 수는 없다는 말이다.

둘째, 이런 생각을 자세히 들여다보면 한 번의 '큰 실수'를 이용해 많은 사소한 실수를 은폐시킬 수 있다는 희망이 숨어 있다. 잠재 의식이 다시 교묘하게 활동을 개시한 것이다.

이럴 경우 최선의 방법은 무엇일까? 원칙이란 계획이 있다는 뜻이다. 우선 시작하고 싶은 날의 계획을 세우자. 결심을 하고 내일부터 당장 실행에 들어간다. 프로그램이 개시되었다는 사실을 자신에게 알리고 여러 가지 변수의 가능성도 인지시킨다. 남은 건 식사 리듬을 일과 리듬에 맞추는 일뿐이다.

물론 어려움은 있다. 대부분의 사람들은 근무 시간이나 자녀의 학교 시간 등 다른 사람의 일정을 최대한 고려하려고 애쓴다. 그러면서도 막상 자신의 일정이나 계획에는 철저하지 못하다. 그러므로 사전에 미리 계획을 짜서 그것을 기록해 두었다가 철저하게 따르고 지키지 않는다면, 주변 상황에 휩쓸려 계획은 엉망이 되기 일쑤다.

다른 사람과 합의를 보기 위해서는 계획이 필수적이다. 자신과의 합의도 마찬가지다. 계획이 없으면 꾸준한 성과가 힘들다.

성공적인 지방 감소 방법은 주 계획과 1일 계획을 짜는 것이다. 우선 주 계획부터 살펴보자. 다음주는 집에서 보낼 것인가, 직장에서 근무를 할 것인가, 출장을 갈 것인가, 휴가를 떠날 것인가? 다음주 무슨 요일에는 어떤 일정이 잡혀 있는가? 주말 계획은 무엇인가?

이런 대략적인 계획이 잡히면 그 내용을 아이들의 시간표처럼 생긴 주 계획표에 적어넣는다. 각 칸은 1일 일정이 들어갈 만큼 충분히 자리를 비워둔다.

주 계획이 끝나면 1일 계획으로 넘어간다. 가장 중요한 것은 식사 시간을 정하는 일이다. 물론 필수적인 의무 사항이나 아이의 학교 시간, 남편(아내)과 함께 보낼 수 있는 공동의 시간 등을 고려해야 한다. 식사는 중요하다. 며칠 동안 굶어본 사람이라면 식사의 중요성을 절실하게 느꼈을 것이다.

하지만 그에 못지 않게 식사를 계획하는 것도 중요하다. 많은 사람들은 한 번도 시간을 정해 놓고 식사를 해본 적이 없었노라고 말할 것이다. 그렇다면 오늘을 계기로 이제부터는 식사 시간을 정확하게 계획해 보자. 4~6시간의 간격은 꼭 지켜야 한다. 식사 간격이 줄어들면 인슐린 분비량이 줄어들 기회가 없어지고, 따라서 과도한 지방이 소비될 시간이 없다.

지금까지 식사를 아주 규칙적으로 해온 사람도 있을 것이다. 그런 사람이라면 하던 방식대로 계속하면 된다. 다만 한 가지 잊지 말아야 할 사실은, 식간에는 물과 함께 설탕 및 우유를 첨가하지 않은 차(커피) 외에 다른 것을 먹으면 안 된다는 것이다. 과일, 야채, 요구르트도 안 된다.

어쩌면 이것이 성공과 실패를 가르는 사소한 차이인지도 모른다. 또 지금까지 대부분의 사람들이 성공하지 못했던 이유인지도 모른다.

하루 앞서 1일 계획을 아주 작은 부분까지 세밀하게 잡아보자. 내일 일어날 일은 오늘 결정하고, 모레 일어날 일은 내일 결정한다. 일단 계획을 세워놓게 되면 친구나 갑작스러운 초대의 유혹을 뿌리치기가 훨씬 수월하다.

설사 사장님이 불러도 응하지 않을 수 있다. 진짜 사장님이 불러도 응하지 말아야 할까? 걱정하지 말라. 여러분의 사장님은 여러분의 계획을 망가뜨릴 사람이 아닐 테니 말이다.

설사 같이 식사를 하자고 부른다 해도 여러분의 계획을 듣고 나면 이해하실 것이다. 오히려 그렇게 자기 관리가 철저한 직원을 보면서 뿌듯해 할 것이다.

1일 계획에는 식품 구입 시간도 포함되어야 한다. 물론 우리네 남편들처럼 집에서 알아서 요리를 해줄 사람이 있다면 이야기가 달라지겠지만 말이다.

요리를 선택해야 하는 사람이라면 슈퍼마켓에 들어서는 순간 구매할 식품 목록을 지참하고 있어야 한다. 요즘은 많은 사람들이 쇼핑 목록을 작성한다. 하지만 종이에 적히지 않은 식품을 추가로 쇼핑카에 던져넣지 않을 수 있는 사람이 과연 몇이나 될까? 광고의 위력은 대단하고 우리가 작성하는 쇼핑 목록은 허점투성이다.

여기까지는 좋다. 설사 쇼핑카에 이것저것 예상치 않았던 식품을 집어넣는다 해도 지방이나 설탕, 염분 함량이 높은 식품에게로는 절대 손길을 뻗쳐서는 안 된다. 그 이유에 관해서라면 이미 앞에서 입이 닳도록 이야기했다.

먼저 구입할 식품을 꼼꼼하게 체크하여 목록 작성에 만전을 기하고, 일단 목록이 완성되면 최대한 그 목록에 충실하자. 처음엔 힘들겠지만 무슨 일이든 자주 하다보면 자연스럽게 습관이 될 것이다.

주말에 외식을 할 경우에는 식당 선정에 만전을 기해야 한다. 대부분의 식당은 겉으로만 보아도 대충 메뉴를 짐작할 수 있다. 처음엔 틀리는 수도 있겠지만 얼마 안 가 지금까지와는 전혀 다른 기준으로 메뉴를 파악할 수 있게 된 자신에게 놀라게 될 것이다. 보통의 경우 문 앞에 식당의 주 메뉴가 적혀 있다. 지방이 적고 영양이 풍부한 메뉴를 찾아보자.

최근 우리 프로그램에 참가한 한 남자가 헝가리로 휴가를 다녀왔다.

한데 휴가 기간 동안 식사 계획을 도저히 지킬 수가 없었노라고 털어 놓았다. 그래서 그냥 포기하고 2주 동안 마음 편히 지내다가 지금 다시 시작하겠노라는 것이었다.

그런 체험은 많은 교훈을 줄 수 있다. 앞으로는 보다 꼼꼼한 계획을 세워 목표 달성에 늘 힘을 기울이겠다는 결심을 하게 될 것이기 때문 이다. 매사를 너무 심각하게 받아들이지 말고 완벽하려고 애쓰지 말 라. 정신 건강에 해롭다. 실수가 있으면 빠른 시간 내에 잊어버리되, 다시는 같은 실수를 반복하지 않도록 노력하면 된다. 계획은 사고를 미래지향적으로 만들어주는 도구이다. 그리고 미래는 변할 수 있는 것 이다.

66 *내일 날씬해지려면 오늘 계획을 세워라!* 99

결심을 하고 출발 시점을 정하고 새로운 습관을 몸에 붙이고 마침내 원하던 꿈의 몸매를 얻고 난 후까지, 계획은 정말 중요한 요소이다. 정 확한 일정이 있어야 처음의 장애물도 넘을 수 있고 더 높은 목표를 세 울 수도 있다. 계획을 글로 기록하면 잠재 의식 속에 더 깊이 박히기 때문에 습관화하기가 쉽다.

여러분에게 선사된 시간의 한계를 생각하여 시간을 정성껏 다루어 야 한다. 인간에게 주어진 시간은 유한하다. 유명한 시간 관리 전문가 로타르 자이베르트는 이런 말을 했다. "인생 관리와 시간 관리를 인생 의 비전으로 만들어라. 한 주는 일생의 복사품이다."

준비된 환경, 먼저 만들자

그러므로 이제 여러분은 시간을 보다 효율적으로 관리하여 일상 생활을 조절하여야 할 것이다. 계획을 세운다는 것은 하루 전에, 다음날 있을 일을 최대한 예상하고 이를 프로그램에 포함시킨다는 의미이다. "하지만 내일 일을, 오늘 전부 계획할 수가 있나요?" 이렇게 생각할 수도 있다. 사실 그렇게 할 수 있는 사람이 누가 있겠는가? 가족이나 직장과 같은 주변 환경과 예상치 못했던 사건 때문에 우리는 매일 계획을 수정할 수밖에 없다. 그러니 어떻게 해야 하는가?

여기서도 시간 관리에서 사용되는 원칙이 통할 수 있을 것이다. 미리 생각을 많이 하고, 되도록 많은 가능성을 고려하여 계획을 망칠 수 있는 요인을 최대한 배제한다면, 보다 더 정확한 계획이 될 수 있을 것이다.

특히 가정에서는 노력을 통해 많은 위험 요인을 줄일 수 있다. 새로운 프로그램을 시작하기 전 파트너와 자녀, 더 나아가 부모나 친척, 가정부 등과 의논을 한다면 가족 구성원들의 의견 차이를 피해갈 수 있을 것이다. 보다 나은 미래와 보다 건강한 생활을 추구하겠노라는 여러분의 결심을 가족들에게 소개하고 그에 필요한 조건을 설명하고 모두가 이에 동의해 주었으면 좋겠다는 부탁을 한다.

또 가족 구성원 중에 여러분과 함께 프로그램에 참가하고 싶거나 여러분의 식사 프로그램을 함께 실행에 옮겨볼 사람을 찾아보고, 어떤 일정이 충돌을 일으킬 수 있는지를 체크해 본다. 아마 여러분도 놀랄 정도로 가족들의 의견이 분분할 것이다. 하지만 대부분은 여러분의 계획을 적극 지원할 것이다.

비용 문제도 사전에 미리 협의해 보아야 한다.

그런 노력에도 불구하고 배우자가 정보 부족으로 여러분의 계획을 지원하지 않을 수가 있다. 때문에 나는 될 수 있는 대로 부부가 함께 상담을 하러 오는 것이 바람직하다고 본다. 시작 전 프로그램의 취지와 목적을 함께 듣고 프로그램 실행 이후에도 건강 체크와 상담에 함께 참석하게 되면 부부의 금슬도 좋아지고 상호의 지원도 얻을 수 있을 것이다. 가장 권장할 만한 방법은 가족 구성원이 모두 함께 프로그램에 참여하는 것이다.

한번은 우리 프로그램에 참여한 한 여성이 남편을 데리고 와서는 남편에게 프로그램의 설명을 부탁했다. 남편이 비용을 대지 않겠다고 우기고 있다는 것이었다. 드물지 않은 사례였다. 나는 설명을 시작했고 남편은 금방 아내의 선택이 잘못된 것이 아니었음을 납득했다. 아내에게는 살을 뺀다는 것 자체가 미래의 희망을 줄 수 있는 것이므로, 가격을 따지는 짓이 얼마나 무의미한가를 깨달았던 것이다.

이처럼 여러분도 파트너의 감정을 고려하고 어떻게 하면 여러분의 목표를 잘 설명할 수 있는지 그 방법을 탐색해 보는 것이 좋다. 솔직히 말해서, 남편이나 아내의 매력적인 변신에 반대할 사람이 그 누가 있겠는가?

또 어떤 사람들은 남편이나 아내를 우리에게 보내 설득을 하고 싶지만 말을 듣지 않는다고 고민을 털어놓기도 했다. 그런 사람들은 인내심을 가져야 한다. 여러분의 호감이 당장 상대편에게 전달될 수 있다고 기대해서는 안 된다. 상대편이 살빼기 프로그램에 관심을 가지기까지 상당 시간이 걸리는 경우도 드물지 않다. 여러분이 굳건한 확신을 가지고 열심히 노력한다면, 결국 남편이나 아내도 여러분의 뜻을 받아들일 것이다.

그런 부부 갈등이 생기는 일차적인 원인은 보통 경제적인 빈곤이나 자녀 문제 등이다. 그럴 경우 부담을 주는 심리적 요인을 우선 해결하는 것이 급선무이다. 그렇지 않으면 목표를 향한 매진이 힘들기 때문이다.

그렇다고 해서 가족이나 직장 문제가 해결되기 전까지는 식사 습관을 개선하겠다는 노력을 시도하지 않아도 좋다는 뜻은 아니다. 가능하다면 한시라도 빨리 첫걸음을 떼어놓아야 한다. 여러분의 인생은 무한하지 않다는 사실을 늘 염두에 두어야 한다.

> 66 *천리 길도 한 걸음부터!* 99

많은 사람들은 첫걸음을 내디딜 수 있는 날이 찾아오기를 기다리고 있다. 기다리느라 시간을 다 보낸다. 분명히 말하지만 그런 날은 절대로 찾아오지 않는다. 첫걸음은 여러분이 떼어놓는 것이다. 그것도 지금 당장 말이다. 시간은 우리의 의지에 상관없이 흘러가고 있다.

요약하자면 배우자의 지원은 여러분의 성공에 큰 힘이 될 수 있다. 처음에는 장애와 문제가 있을 수도 있다. 하지만 의식적으로 생활을

155

바꾸려는 노력을 기울인다면 여러분의 주변 사람들도 같이 변해갈 것이다.

> 66 환경을 변화시키고 싶다면 먼저 자기 자신을 변화시켜라! 99

동기 부여는 곧 성공으로

이제 여러분은 상당한 성과를 거두었다. 여러분의 성과에 축하를 보내는 바이다. 아무리 사소한 것일지라도 무언가 성취한 사람이라면, 그래서 성공을 향해 도약하고 있는 사람이라면 작은 결과에도 기뻐할 자격이 있다.

우리 프로그램의 참가자들 중 많은 수가 몇 주만 지나면 기쁨에 겨운 표정으로 달려와, 체크를 받고 상담을 하면서 자신의 성공담을 들려주느라 정신이 없다. 살은 빠졌는데 작업 능률은 더 올랐다, 그 동안 살이 쪄서 못 입었던 옷이 맞는다, 몸이 너무 가뿐하다 등 다양한 긍정적 반응을 들려준다.

운동을 너무 좋아하는 한 젊은 남자는 최근 처음으로 체크를 받으러 와서(칼로리 섭취량을 줄여 3kg의 지방이 빠졌는데도) 프로그램 시작 전보다 훨씬 운동량이 많아졌다고 말했다.

친구들과 직장 동료들, 아내와 아이들이 모두 부러워하고 있다는 것이었다. 주변 사람들의 부러운 시선과 인정, 이것은 우리 모두에게 필요한 멋진 체험이다. 여러분도 이런 멋진 경험을 할 수 있기를 바란다. 이 책을 통해 결단을 내리고 성공의 그날을 향해 뛰어보기를 바란다.

인정은 누구에게나 필요한 것이다.

이런 작은 성공은 동기 부여의 측면에서 볼 때도 아주 바람직한 현상이다. 첫걸음의 성공은 몸매와 식사 습관의 관리에 더욱 힘써, 결국 목표에 도달할 수 있는 힘을 주기 때문이다. 그렇다고 첫술에 배부를 수는 없다. 처음으로 눈에 띄는 성과가 나타났다고 해서 미리 월계관을 쓰고 휴식을 취해서는 안 된다.

다음 단계의 성공은 시간이 더 흘러야 찾아올 것이니, 여러분은 지금 걸어가고 있는 그 길을 끝까지 계속 나아가야 할 것이다. 하지만 미리 겁먹을 필요는 없다. 우리 프로그램은 많은 참가자들이 성공을 거둘 수 있을 정도로 쉬운 방법이니 말이다.

여러분이 이미 힘든 과정의 상당 부분을 거쳐왔다는 사실을 잊지 말자. 여러분은 고장난 자동차를 힘껏 밀었고, 그 덕에 이제 자동차는 굴러가기 시작했다. 일단 굴러가기 시작한 자동차는 처음만큼 큰 힘을 쏟아붓지 않아도 잘 굴러간다. 시간이 주는 혜택, 그것을 적극 활용하도록 하자.

다시 한번 프로 스포츠를 이용하여 설명을 해보겠다. 대부분의 사람들은 TV 앞에 앉아 운동 선수의 성공을 보며 기뻐한다. 이렇게 수많은 사람들이 자신을 지켜보고 있다는 사실이 운동 선수에게 얼마만큼의 힘을 줄 수 있는지, 한번 생각해 본 적이 있는가? 이것이 바로 동기 부여이다. 갑자기 과거의 땀과 노고와 긴장이 씻은 듯 잊혀진다. 그런 선수라면 앞으로도 계속 성공 가도를 달릴 수 있을 것이다.

하지만 분명히 알아두어야 할 사실이 있다. 땀이 없으면 대가도 없다. 그가 경기 전에 이루어낸 일들, 그가 감수하였던 일들, 그것을 알아주는 사람은 극소수에 불과하다. 그럼에도 그는 분명 다른 사람보다 더 많은 땀을 흘렸을 것이다.

여러분이 다른 사람보다 많은 땀을 흘린다면 다른 사람이 얻지 못한 성공을 얻어 기뻐할 수 있을 것이다. 자동차 경주 세계 챔피언인 니키 라우다는 이런 말을 한 적이 있었다.

> 66 *성공하고 싶다면 남들보다 많은 일을 해야 한다!* 99

정곡을 찌른 충고이다. 그러니 그런 사람들이 세계적인 인기를 누리는 건 당연한 결과다. 하지만 성공에 이르는 것이 생각보다 얼마나 간단한지, 여러분도 직접 경험하게 될 것이다. 확신하지만 여러분도 분명히 할 수 있다.

무엇보다 행동을 습관화하는 것이 필요하다. 스웨터를 벗을 때 여러분은 그 과정을 생각할 필요가 없다. 우리의 손은 자동적으로 움직인다. 부상을 입어 움직임이 부자연스럽게 될 때, 비로소 우리는 동작의 과정을 깨닫게 된다.

그렇게 되면 새로운 방법을 찾아나서게 된다. 특히 장애가 심각하거나 장기적일 경우, 새 방법을 찾아내는 인간의 능력이 얼마나 탁월한지가 역력히 드러난다. 인간은 새로운 동작 모델을 배우고, 그것이 제자리를 잡을 때까지 연습에 연습을 거듭한다. 그리고 언젠가는 그 모델이 아주 원활하게 작동하기 시작한다. 즉 동작의 과정이 다시 자동화되는 것이다.

어떤 일이건 처음부터 끝까지 절차를 생각할 필요 없이 자동적으로 처리된다면 훨씬 수월할 것이다. 하지만 그렇게 자동화되기까지는 연습이 필요하다.

예전에는 한 번도 해보지 않았던 일을 해보겠다는 마음의 자세를 갖추고 오래도록 연습을 거듭하면, 언젠가는 아주 편안한 상태가 찾아올 것이며 주변의 부러움을 한 몸에 받을 수 있을 것이다. 포기하지 말고 해보자. 성공은 여러분에게 인정을 안겨줄 것이며, 인정은 다시 성공을 선사할 것이다. 좋은 일은 좋은 일을 낳는 법이다.

다른 사람의 성공 모델이 되어라

이제부터 내가 설명하려는 주제는 내 인생 최대의 목표이기도 하다.

세상 어떤 사람도 아무 소용없는 일을 하고 싶지는 않을 것이다. 즉 일의 가장 큰 보람은 결실에서 얻어진다.

물론 시각의 차이는 있다. 많은 사람들은 자신이 특별한 일을 할 사람이 아니라고 믿는다. 그냥 주어진 일로 충분하다는 것이다. 하지만 나는 모든 인간에게는 사명이 있다고 생각한다. 때문에 모든 일을 할 때는 자신뿐 아니라 남도 생각할 줄 알아야 한다.

우리는 일을 하면 내가 한 일을 셀 수 있는 단위, 즉 임금이라고 부르는 돈과 비교한다. 많은 수의 사람들은 주당 40시간을 일하고 그 대가로 고정 급료를 받는다. 일을 많이 했건 적게 했던 상관없이 똑같은 돈을 받는다. 세월이 가면 언젠가는 임금이 오르겠지만 실제 일한 양과 임금의 균등화는 절대 불가능하다.

그래서 업적에 따른 임금이 좋겠다는 생각이 나오게 되었다. 일한만큼 돈을 받으니 훨씬 공정하다는 이유에서였다. 하지만 겉으로 보기에는 같은 양의 일을 하면서 다른 사람보다 몇 배나 많은 돈을 버는 사람이 있다. 그러니 임금 산정에는 분명 또 다른 요인이 포함되어 있을 것이다. 빌 게이츠가 여러분보다 더 많은 시간을 일하는 것은 아니지 않는가!

그렇다면 임금의 차이는 어디에서 나오는 것일까? 그것은 바로 영향력이다. 영향력은 결과를 몇 배로 만든다. 여러분의 아이디어가 소수

의 사람들에게만 영향을 줄 수 있다면 결과도 적을 수밖에 없다. 많은
사람들에게 영향을 미칠 수 있어야 결과도 커질 것이다.

내 직업의 장점은 많은 사람들을 상대하고 많은 사람들에게 도움을
주며 건강과 행복을 선사하고 그와 더불어 국민 건강에 이바지할 수
있다는 데 있다.

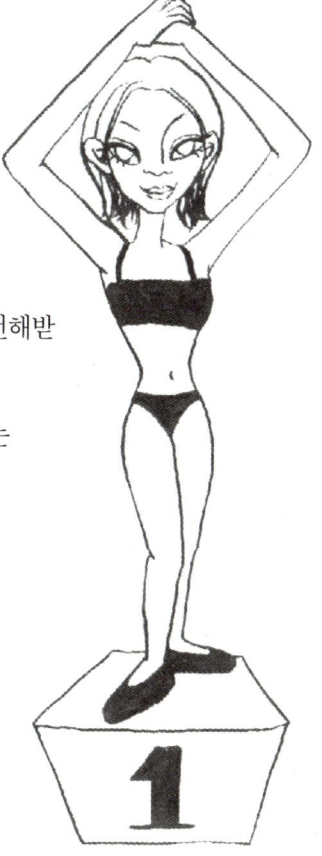

> 66 *여러분이 이런 영향력을 발휘한다면*
> *얼마나 좋겠는가!* 99

우리 프로그램의 참가자들은 다 이
런 영향력을 발휘할 수 있는 사람들이다.

우리는 매일 그들의 감격과 환호를 전해받
고 있다. 그 감격의 힘은 다시 우리에게
전염되어 새로운 발걸음을 내디딜 수 있는
용기를 불어넣어 준다.

새로운 도전을 향해!

이 책이 탄생하게 된 것도 다 이런
감격과 열광 덕분이었다.

운동은 어떤 의미가 있을까

이 책을 읽는 동안 여러분은 계속 마음속으로 이런 질문을 하였을 것이다. 살 빼는 입문서 주제에 운동에 관해서는 함구하고 있다니. 더구나 자기가 프로 운동 선수였다고 자랑까지 한 사람이.

그래서 마지막으로 운동에 관해 몇 가지 지적하고자 한다.

우리를 찾아와 상담을 하는 사람들은 크게 두 가지 부류로 나눌 수 있다. 한쪽은 정기적으로 운동을 하는 사람들이고 다른 쪽은 가끔씩 운동을 하거나 운동의 필요성을 절감하지 못하는 사람들이다. 후자의 경우, 자신에게 맞는 운동이 어떤 것인지를 몰라서 안 하는 것이 아니다. 운동을 할 시간과 여유가 없기 때문이다.

본론으로 바로 들어가 '운동은 필요없다' 라는 그릇된 희망의 싹을

잘라 버리기 위해 나는—자세한 설명에 들어가기 전에—매일 적당량
의 운동은 몸에 아주 유익하다는 결론부터 말해야겠다.

다만 운동 하나만으로 살을 빼겠다는 생각은 잘못된 것이다. 물론
보통 사람 이상의 시간과 노력을 들여 칼로리 소비에 힘쓴다면 불가능
하지는 않겠지만, 우리의 프로그램보다 훨씬 더 많은 어려움과 시간이
따를 것이다.

하지만 일단 살을 빼고 난 후 몸매를 유지하는 데에는 운동 이상의
방법은 없다.

요즘은 재미있고 신나는 운동의 종류가 무궁무진하다. 따라서 자신
에게 맞는 운동을 찾을 가능성도 훨씬 많아졌다. 그럼에도 에너지 소
비를 촉진시켜 비축된 지방을 줄이는 운동은 그리 많지 않다. 조깅, 사
이클, 수영, 스케이트, 등산, 노르딕 같은 지구력 스포츠가 대표적인
종류일 것이다.

넓은 의미에서 달리기와 연관된 기술 스포츠—예를 들어 각종 구기
—는 칼로리 소모량이 개인의 기술 수준에 따라 현격한 차이를 보이기
때문에 주의해야 한다.

이런 운동들의 단점은 상당량의 지방 연소 및 충분한 칼로리 소비가
있으려면 많은 시간을 투자해야 한다는 것이다. 따라서 우리 프로그램
전체에서 운동이 담당하는 기여도는 그리 높지 않다. 약 한 시간을 적
정한 속도로 달리면 500kcal의 지방이 연소된다. 하루 두 시간씩 트레
이닝을 하면 일주일에 1kg의 지방이 줄어든다는 말이다.

나를 찾아와 하루 두 시간씩 꼬박꼬박 뛰었노라고 보고하는 참가자

들에게 나는 격려를 아끼지 않는다. 하지만 대부분의 사람들은 그럴 시간적 여유가 없다.

그러므로 두 배의 시간을 운동에 투자하면 살을 쉽게 뺄 수 있다고 말하는 사람이 있다면, 비만으로 고민하는 사람 중에 갑자기 하루 중 두 시간을 운동에 투자할 수 있는 사람이 과연 몇이나 될 것인지 되물어보고 싶다. 하루 아침에 갑자기 두 시간씩 뛰는 일이 그렇게 간단한 것이었다면 수많은 사람들이 그렇게 했을 것이다. 만일 그렇게 했더라면 애당초 비만 때문에 고민할 턱도 없을 것이다.

또 하나 짚고넘어 가야 할 점은, 사람들이 운동을 하는 동안 소비되는 칼로리량을 너무 과대 평가하여, 운동을 마치고 난 후 너무 많이 먹는다는 점이다. 그래서 칼로리 섭취량과 소비량의 차이가 적어 지방

164

감소의 효과가 미미해지는 것이다.

이 책을 통해 여러분은 일정 정도 성과가 있어야, 계속되는 음식의 유혹을 이길 수 있다는 사실을 알았을 것이다. 따라서 운동은 식사 리듬과 음식 선택을 꾸준히 유지하는 가운데, 영양 프로그램을 시작한 지 몇 주가 지난 후부터 시작해야 효과가 있다.

처음엔 운동의 양이 지금까지의 수준을 과도하게 넘어서는 안 된다. 자신의 몸 상태를 계속 관찰하면서 차츰차츰 시간을 늘려나가야 한다. 그래야만 영양 습관의 변화를 운동량의 증가와 병행해 나갈 수 있기 때문이다.

흡연가들이 금연과 동시에 식사량을 줄이는 건 거의 불가능하다. 운동도 이와 마찬가지다. 운동의 양을 갑자기 늘리면서 동시에 식사 습관을 변화시킨다면 몸에 무리가 올 확률이 높다.

그러므로 우선은 식사 습관의 변화에 온 힘을 집중하여야 한다. 운동량을 지금까지와 같은 수준으로 유지하면서 몇 주 동안 영양 프로그램에 만전을 기한 다음 서서히 운동량을 늘려보자. 너무 걱정할 필요는 없다. 몇 주 동안 식사 리듬을 몸에 익힌 후에는 적절한 운동을 해도 별 무리가 없을 것이다. 30분 정도 달리기를 하거나 자전거를 타거나 수영을 해보자. 기분 전환에도 도움이 될 것이고 몸도 가뿐해질 것이다.

이 시기 동안 갑자기 많은 양의 지방이 연소되리라고 기대해서는 안 된다. 하지만 근본적으로 칼로리의 섭취량보다 소비량이 많기 때문에 매일 조금씩 칼로리가 줄어들 것이다.

> 66 사람들은 단기간에 얻을 수 있는 것은 과대 평가하면서
> 장기간에 걸쳐 얻을 수 있는 것은 과소 평가한다. 99

다만 유지 단계에서는 'BCM-ECM-지방'의 비율을 최적화 위해서는 지구력 스포츠가 가장 효과적이다.

이 자리에서 나는 많은 사람들이 퇴근 후나 주말에 취미 삼아 하고 있는 고난도 스포츠의 위험성을 강조하고 싶다. 그런 스포츠가 인체에 유해할 수도 있음은 의학적으로도 입증된 사실이다. 과도하게 체력을 소모하다보면 이른 나이에 동맥 경화에 걸리거나 악성 종양 등의 질병이 발생할 수 있다는 연구 결과도 나와 있다. 원인은 오염된 대기와 스트레스, 호흡 속도의 증가로 인한 산소기의 갑작스러운 방출이다.

적절한 영양 섭취와 적절한 운동은 장기간 건강한 생활을 보장해 주는 최상의 조건이다. 요즈음 붐을 이루고 있는 노화 방지(Antiaging)의 초석을 닦는다는 의미에서도 적극 권장하고 싶은 사항이다.

> 66 질병 없는 건강한 노년은 만인의 꿈! 99

마무리하면서

이 책만 읽으면 정말 날씬해질 수 있을까

이 책을 여기까지 다 읽은 독자들 중에는 마침내 '현자의 돌'을 발견했다는 기쁨에 환호성을 지르는 사람도 있을 것이다. 하지만 이 책을 손에 들고 혼자 힘으로 성공에 이를 수 있는 사람은 그리 많지 않다. 그래서 나는 여러분이 스쳐지나 갔을 수도 있을 두 가지 사실을 다시 한 번 강조하도록 하겠다.

첫째, '성공'은 항상 '완벽한 성공'을 뜻한다. 다시 말해 성공이 아니면 실패, 둘 중 하나인 것이다. 절반의 성공이란 없다. 이 책의 주제는 몸무게나 지방의 감량뿐 아니라 '멋진 몸매'도 포함된다. 여러분이 만족할 만한 몸매를 얻어 그것을 평생 유지할 수 있을 때, 비로소 여러

167

분이 성공했다고 말할 수 있다.

둘째, 앞에서 나는 여러 차례 건강 지수의 측정 과정과 상담 과정을 설명하였다. 이는 성공의 필수적인 전제 조건이다. 흐트러지기 쉬운 마음을 다시 한 번 다잡고 자신의 성과를 확인한다는 의미에서도 정기적인 상담은 꼭 필요하다.

이제, 이쯤되면 그런 정보와 상담을 어디서 구할 수 있을까 하는 의문이 들 것이다.

독일, 오스트리아, 스위스에는 이미 그런 일을 맡아줄 의사들의 네트가 형성되어 있다. 또한 지난 2년 동안 각국의 영양학계와 의학계의 전문가들은 힘을 합하여 학문적 기반을 마련하였다.

'일년 내내 먹으면서 일년 내내 멋진 몸매를' 갖게 하는 것이 우리의 원칙이며, 단일화된 체계를 통해 우리는 다이어트 프로그램 참가자들을 언제 어디서나 지원해 줄 수 있다. 우리의 프로그램에 대해 좀더 자세한 자료를 원한다면, 이 책의 뒷부분에 있는 홈페이지와 e-메일을 참조하면 도움이 될 것이다.

날씬해지려면 비용이 얼마나 들까

우리가 제안한 영양 프로그램이 기존의 다이어트법보다 비용이 더 많이 든다고 말할 수는 없을 것이다. 우리가 추천한 식사내용을 지키고 간식을 하지 않는다면 식비가 훨씬 절감될 것이고, 그것으로 상담비와 영양 보충 식품 구입비를 충분히 댈 수 있을 것이다.

상담비를 제외한다면 칼로리 절감 식사가 기존 식사보다 비용이 더 많이 들 것이라고 걱정할 필요는 전혀 없다. 비용을 한 번 따져본 사람이라면 분명 그렇게 생각할 것이다.

영양 상담 프로젝트를 시작할 당시 우리는 누구나 경제적인 부담 없이 쉽게 접할 수 있는 프로그램을 전제로 하였으며, 해당 전문 의사들에게 지불하는 적절한 대가는 여타 고가의 다이어트 비용에 비해 결코 비싸지 않음도 알려두고 싶다.

복잡할까, 간단할까

이 질문에 여러분이 어떤 대답을 할지는 오로지 여러분 개인의 자세나 관점에 달려 있다.

"난 할 수 있어"라고 대답하는 사람들에게 나는 이렇게 장담한다. "여러분은 할 수 있습니다"라고. 못해낼 이유가 없는 사람들이기 때문이다. 하지만 "난 못해"라고 대답하는 사람들에겐 나는 아직 때가 아니라고 충고하고 싶다. 이런 사람들은 아직 동기가 부족하다.

이 책을 다시 한 번 읽어보면서 결단의 준비를 해야 한다. 그렇게 하다보면 오늘 내일이 아니더라도 언젠가는 결심을 하게 될 날이 올 것이다.

》동기가 결정한다.

많은 사람들은 내가 설명한 내용이 너무 복잡해서 이해를 잘 못하겠노라고 생각할 것이다. 하지만 처음부터 간단한 건 없다. 시간을 두고 집중해서 이해하려고 노력하다 보면 문제를 제대로 파악할 수 있을 것이고, 그렇게 되면 복잡해 보이던 것이 갑자기 너무나 간단하게 느껴질 때가 찾아올 것이다.

반대로 프로그램을 제대로 파악하기도 전에 성급하게 시작부터 하는 사람들이 있다. 이런 사람들에겐 좀더 자신의 현 상황과 주변 여건을 따져보라고 권하고 싶다. 성급한 결정은 실수를 동반하기 마련이다. 시작해 놓고 보니 정말 자기와는 안 맞는 프로그램일 수도 있지 않은가.

"다이어트를 끝내고 나면 또 몸무게가 늘어나는 건 아닌가요?" 이렇게 묻고 싶은 독자들도 있을 것이다. 이런 독자들에게 나는 이 책을 한 번 더 처음부터 찬찬히 읽어보라고 권하고 싶다. 대충 읽고 넘어간 부분을 꼼꼼하게 읽다보면 여러분의 질문에 대한 답변을 발견할 수 있을 것이다.

하지만 대부분의 독자들은 더 이상 이런 질문을 던지지 않을 것이다. 이 책이 단순한 다이어트법이 아니라 여러분을 멋진 몸매로 안내하는 미래 지향적인 사고라는 사실을 깨달았을 것이기 때문이다.

그렇기 때문에 나는 이 책을 끝까지 읽어준 독자들에게 감사의 뜻을 전하고 싶다. 여러분은 성공을 향해 이미 첫걸음을 떼어놓았다.

우리의 이상이 단순할 수 있는 것은 이 책을 반복하여 읽으면서 불확실한 부분을 계속 연구하고 중요한 내용을 몇 개의 지점으로 요약할 수 있었던 여러분의 공이다.

따라서 나는 책의 내용을 다시 한 번 요약하지 않겠다. 그것은 독자 여러분의 몫이기 때문이다. 여러분은 할 수 있다. 이미 첫걸음은 떼어 놓았으니 이제 성공을 향해 다음 발걸음을 옮겨보자.

> " 스스로 성공을 얻지 못하는 사람은
> 성공을 얻을 만한 가치가 없는 사람이다. "

참고한 자료

BANKHOFER, Hademar; Bio-Selen, natürlicher Schutz fürunser Immunsystem; 1994

BETTGER, Frank; Lebe begeistert und gewinne; 38. Aufl., 2000

BIRKENBIHS, Vera F.; Der persönliche Erfolg; 1973

BURGERSTEIN, Lothar; Burgersteins Handbuch der Nährstoffe; 9. Aufl., 2000

CARNEGIE, Dale; Wie man Freunde gewinnt; 1999

CARR, Alan; Endlich Nichtraucher!; 2000

COELHO, Paulo; Der Alchimist; 1996

COOPER, Kenneth H; Die neuen Gesundmacher, Antioxidantien; 1997

COUE, Emile; Autosuggestion; 1998

EGLI, René; Das LOL²A-Prinzip oder die Vollkommenheit der Welt; 21. Aufl., 2000

GAWAIN, Shakti; Stell dir vor. Kreativ visualisieren; 6. Aufl., 1993

GELB, Michael J.; Das Leonardo Prinzip. Die Sieben Schritte zum Erfolg; 1998

GOLEMAN, Daniel; Emotionale Intelligenz(EQ); 12. Aufl., 1999

HÖLLER, Jüurgen; Sag ja zum Erfolg!; 2000

HÖLLER, Jüurgen; Sicher zum Spitzenerfolg; 5. Aufl., 1999

KINADETER, Harald; Gesund mit Vitaminen, 1994

LAO, Zeané; Nahrung als Weg; 1991

LEITZMANN, Claus; Gesundheit kann man essen; 1997

MORGAN, Marlo; Traumfänger; 2000

NEFIODOW, Leo A.; Der sechste Kondratieff. Wege zur Produktivität
     und Vollbeschäftigung im Zeitalter der Information; 2000

PAULING, Linus; Das Vitamin Programm; 2000

RAUTENBERG, Werner/Rogoll, Rüdiger; Werde, der du werden kannst; 1999

REDFIELD, James; Die Prophezeiungen von Celestine; 27. Aufl., o. J.

ROBBINS, Anthony; Das Robbins Power Prinzip; 5. Aufl., 1995

SEIWERT, Lothar J.; Wenn du es eilig hast, gehe langsam; 2000

STRUNZ, Ulrich; Forever young. Das Erfolgsprogramm; 7.Aufl., 2000

TOMPKINS, Peter/BIRD, Christopher; Das geheime Leben der Pflanzen; Neuaufl. 1995

WERBACH, Melvyn R.; Nutriologische Medizin; 1999

WILLIAMS, Arthur L.; Das Prinzip Gewinnen; 12. Aufl., 2000

WORM, Nicolai; Täglich Wein; 6. Aufl., 1999

ZIMMERMANN, Hans-Peter; Geld ist schön; 6. Aufl., 1998

여러분이 직접 만나고 싶다면……

PreCon Ernährungsberatung Service & Handel GmbH

A-1040 Wien, Schlüsselgasse 8

Tel : +43 1 503 44 24-0

Fax : +43 1 503 44 24-10

e-mail : office@precon.at

home page : www.precon.at

PreCon Schweiz AG

CH-4053 Basel, Gundeldingerstraße 170

Tel : +41 61 367 9 367

Fax : +41 61 363 00 05

e-mail : precon@balcab.ch

home page : www.precon.ch

PreCon GmbH & Co.KG

D-64404 Bickenbach, Darmstädter Straße 63-67

Tel : +49 62 57 50 01-0

Fax : +49 62 57 50 01-99

e-mail : info@precon.de

home page : www.precon.de

지은이 좀더 알기

에드가 라쉔베르거는 1957년 오스트리아의 인스브루크에서 태어나 의학을 공부하였으며, 1984년 박사 학위를 받았다. 슈바츠 병원과 인스브루크 대학 병원에서 전문의 실습을 거쳐 일반 외과 및 혈관 외과 전문의 자격증을 취득하였다.

1996년 개인 병원을 열고 혈관(전공 분야 : 최소 침습성 정맥류 외과), 위장 및 대장 질환 등을 치료하고, 금연 · 다이어트에 대한 상담도 진행하고 있다.

그의 모토는 '미래는 건강의 유지에 있다!' 와 '일년 내내 먹으면서 일년 내내 멋진 몸매를!' 이다.

또한 그는 체조, 스키, 윈드서핑, 발리볼, 테니스, 축구테니스, 산악 사이클, 등산 등 각종 스포츠를 즐기는 진정한 스포츠맨이기도 하다. 1987년, 오스트리아 의사 스키 대회에서 1등을 하였으며 국가 시험에 합격한 스키 강사이자 윈드서핑 강사이고, 1976~81년에는 영국 스키협회의 트레이너로 활약하였다. 1981년에는 이스라엘에서 개최된 윈드서핑 세계 선수권 대회에 오스트리아 대표로 참가하였으며, 1993년에는 미국에서 경비행기 조종사 면허증을 따기도 했다.

해외 여행을 하고 책을 읽고 성공한 사람들을 만나고 창조적인 아이디어를 실천에 옮기는 것. 이것이 에드가 라쉔베르거의 생활이다. 그의 목표는 최대한 많은 사람들을 도와 성공의 길로 안내하는 것이며, 이를 위해 '건강―경제적인 성공―삶의 질 향상―건강' 이라는 순환의 고리에 큰 관심을 가지고 있다.

에드가 라쉔베르거는 친구들과 즐거운 시간을 보내고, 창조적인 요리법―특히 그는 태국 요리를 좋아한다―으로 인생을 즐기며, 좋은 책을 읽고, 새로운 친구를 사귀며 살고 있다. 건강으로 많은 사람에게 성공의 길을 보여주고, 그와 더불어 자신의 인격을 쌓아가는 것 또한 그의 인생 목표이다.

옮긴이의 글

나는 다이어트라는 말을 좋아하지 않는다. 한밤중에 라면 반 그릇은 걱정없이 뚝딱 먹어치울 수 있는, 부모님께 물려받은 살찌지 않는 유전자도 한 몫 하겠지만, 거기에는 무엇보다 '몸'을 바라보는 사회적인 시선이 큰 자리를 차지하고 있다.

도대체가 해골에 껍질을 발라놓은, 아프리카 난민도 저리 가라 싶은 뼈다귀들을 이상적인 몸매라고 추켜세우는 TV의 미인 프로그램은 고사하고서라도 내 눈에는 정말 예쁘기 그지없는 적당한 몸매의 아가씨들이 너도 나도 살을 빼겠다고 돈을 들여가며 밥을 굶고 있으니 어찌 황당하지 않겠는가!

보릿고개를 얘기하시던 아버지를 내가 이해할 수 없었듯, 어쩌면 젊은 세대들 또한 나의 이런 주장에 가슴을 칠지 모른다. 그래도 가끔은 좀 심하다 싶을 정도의 '몸' 콤플렉스가 어수선한 시절을 더 뒤숭숭하게 만들고 있는 것이 현실이다.

하지만 다이어트가 건강과 결부되면 문제는 달라진다. 이럴 경우 당연히 다이어트는 온 국민의 해골화가 아닌, 너도 보기 좋고 나도 즐거운 생활을 목표로 할 것이다.

솔직히 영화 〈길버트 그레이프〉에 나오는 디카프리오의 어머니를 보면서 그 대책 없는 '자기 학대'에 눈살을 찌푸리지 않은 사람은 없을 것이다. 넘쳐나는 살로 제대로 걷지 못하고, 사람들의 시선 때문에 밖으로 나가지도 못하는 그녀의 삶은 보는 이의 가슴을 아프게 한다.

물론 그녀는 극단적인 경우이겠지만 비만이 불러올 수 있는 질병이 한둘이 아니고, 또 대부분은 치명적인 것이기 때문에 비만을 예방하고 치료하는 프로그램으로서의 다이어트에 대해서는 어느 누구도 반대의 목소리를 내지 못할 것이다.

그런 의미에서 이 책은 단순한 다이어트 비법이 아니라 건강한 삶, 즉 신체와 정신과 영혼이 진정으로 건강할 수 있는 삶을 가르쳐주는 책이다. 비만인 사람은 비만을 치료하고, 비만이 아닌 사람은 비만을 예방하고 더 나아가 노화와 질병을 미리 막을 수 있는 식품과 생활습관을 설명하고 있다.

모험을 두려워하지 않는 '즐거운' 의사의 처방이기에 믿을 수 있고,

또 최신의 의료기 사용과 의사의 상담을 적극 권장하는 최신 이론이기에 흥미도 있다.

오늘 아침, 설탕이 듬뿍 들어간 카푸치노 봉지를 연거푸 뜯지 않은 나의 자제력도 아마 이 책의 효과이지 않을까?

건강과 행복을 선사하는 다이어트, 여러분에게 감히 권해본다.

2001년 10월
장혜경

감수 김철환

1985년 서울대학교 의과대학 졸업 후, 서울대학교병원에서 가정의학과 수련을 마쳤다.

현재, 인제의대 서울백병원 가정의학과 교수이며, 서울백병원 기획실장도 겸하고 있다.

대한가정의학회 기획이사, 경실련 보건의료위원회 위원장이기도 하다.

지은 책으로 〈성인예방접종〉〈한국인의 평생건강관리〉〈한국인의 건강증진〉

등이 있고, 다수의 논문이 있다.

옮긴이 장혜경

연세대학교 독어독문학과를 졸업했으며, 같은 대학 대학원 박사과정을 수료했다.

독일학술교류처 장학생으로 독일 하노버에서 잠시 공부했다.

옮긴 책으로 〈아벨라르의 사랑〉〈은의 죄〉〈운명〉〈사랑, 그 딜레마의 역사〉

〈오디세이 3000〉〈괴테가 사랑한 로마, 사랑한 여인들〉〈똑똑한 나 아름다운 섹스〉

〈남자들이 여자들을 부려먹는 놀라운 방법들〉〈20세기 여인들〉 등이 있다.

다이어트 절대로 하지 마라

펴낸날 2001년 10월 30일 1판 1쇄

지은이 에드가 라쉔베르거
감　수 김철환
옮긴이 장혜경
펴낸이 김혜숙

펴낸곳 도서출판 참솔 | **등록번호** 제8-244호 | **등록일** 1998년 5월 13일
주소 121-718 서울시 마포구 공덕동 404 풍림빌딩 521호
대표전화 3273-6323 | **팩시밀리** 3273-6329 | **e-mail** chamsoul@hanmail.net
값 8,500원 | ISBN 89-88430-21-2 0359